U0257652

徐建融游艺百讲

建筑园林十讲

徐建融 著

上海大学出版社
·上海·

图书在版编目（CIP）数据

建筑园林十讲 / 徐建融著 . -- 上海：上海大学出
版社，2025. 1. --ISBN 978-7-5671-5075-1

I. TU986.4

中国国家版本馆 CIP 数据核字第 2024MN5169 号

统　筹　刘　强
责任编辑　盛国崟
封面设计　柯国富
技术编辑　金　鑫　钱宇坤

徐建融游艺百讲

建筑园林十讲

徐建融　著

上海大学出版社出版发行

（上海市上大路 99 号　邮政编码 200444）

（https://www.shupress.cn　发行热线 021-66135112）

出版人　戴骏豪

*

南京展望文化发展有限公司排版

江阴市机关印刷服务有限公司印刷　各地新华书店经销

开本 710mm×1000mm　1/16　印张 14.5　字数 187 千字

2025 年 1 月第 1 版　2025 年 1 月第 1 次印刷

ISBN 978-7-5671-5075-1/TU · 29　定价　98.00 元

总　序

　　2005 年 11 月 19 日,上海大学校长钱伟长在给上海大学美术学院邱(瑞敏)院长、薛(志良)书记的信中讲:"据我所知,徐建融教授已在上海大学执教二十余年了。多年来,他一边热心于传道授业解惑,一边更是潜心于学术研究和艺术创作,终于成就一番骄人之成绩。我虽然未得与徐建融教授谋面,但是却知道他在美术界颇被看重和推崇。我为我校有如此杰出之人才而高兴,也为我们美术学院这些年来所取得的进步而欢欣。"

　　2012 年 9 月,上海大学美术学院院长冯远在为《长风堂集》所作的"序"中讲,徐先生是当今学术界致力于宣传、弘扬传统优秀文化的代表人物。"他对传统文化几十年如一日的坚持,以及对传统文化的研究之全面、深刻,和由此所取得的对传统文化认识的实事求是的科学性、与时俱进的独创性,在全国有着广泛的影响。徐先生的研究和实践,众所周知的是以中国美术史论研究、美术教育、书画创作和鉴定为重点。实际上,他的涉及面几乎囊括了传统文化经史子集的各个方面",对儒学、老庄、佛学、说文、历史、文学、戏曲、园林、建筑等"无不着意探究,以国学为视野来观照书画。同时,他对西方文化的经典也下过相当的功夫,以西学为参照来审视国学。术业有专攻与万物理相通,'不入虎穴,焉得虎子'与'不识庐山真面目,只缘身在此山中',立足本职而作换位思考,这是其治学治艺的基本方法"。这使他的传统研究和实践,在新的时代背景下焕发出"科学发展的生命活力,既是历史的,又是现实的"。

子曰："志于道,据于德,依于仁,游于艺。"有"当代艺术界大儒"之称的徐建融先生,思无邪,行无事,故多艺。而著述,正是其"多艺"中的一项重要内容。孔子说："盖有不知而作之者,我无是也。"《左传》则说："言之不文,行而不远。"徐建融先生的著述,从来就不是局限于板凳上、书斋中的"为学术而学术",而都是出之于"学而时习之"的实践体会,所以"如万斛泉涌,不择地,皆可出";又以富于文采辞藻,无论是温柔敦厚,还是慷慨磊落,皆能有声有色地穷理、尽情、动情。真知灼见加上文采斐然,所以其著述为各阶层读者所欢迎。正是四十多年来连续不断地发表、出版的这些著述,使他的"学而不厌""有教无类"在社会上产生了广泛而深远的影响。

为了更集中同时也更条理地反映徐建融先生的著述成果及其学术思想,特在他业已发表、出版的各种著述中,推出"徐建融游艺百讲"十种统一出版,即《晋唐美术十讲》《宋代绘画十讲》《元明清画十讲》《晚明绘画十讲》《当代画家十讲》《谢陈风雅十讲》《建筑园林十讲》《画学文献十讲》《美术史学十讲》《国学艺术十讲》。

其中,除《谢陈风雅十讲》外,大多有之前的相应出版物为依据。但这次的出版并不是旧版的简单重版,而是在体例上、内容上均作了调整。原出版物中多有一定数量的插图,现考虑到书中涉及的图例可从网上搜索到高清图像,故一并删去不用。

全部书稿的整理、修订,徐建融先生本人均给予了极大的支持,十分操劳。在此谨致谢意。限于学识,我们所做的工作还有不足之处,还祈请徐建融先生和广大读者批评指正。

前　言

　　本书是在上海人民美术出版社 1996 年初版、2013 年再版的《宫殿·陵墓》《园林·府邸》和 2009 年出版的《中国美术读本》三部著述的基础上整理而成的。具体以《中国美术读本》的"形象工程"一章为第一讲,《宫殿·陵墓》中的各章为第二、三、四、五讲,《园林·府邸》中的各章为第六、七、八、九、十讲,每讲文本不另附撰写时间。另加"绪言",则为统摄全书而新写。本书作为"徐建融游艺百讲"的一种,定名为《建筑园林十讲》。

徐建融

2023 年春节

目 录

绪　言

在艺术的范畴中,建筑以其实用的性质而具有独特的意义;中国传统建筑更以其儒学的人文背景和华夏的自然背景而具有自立于世界建筑之林的风格和特色。

这一独具的风格特色,在精神上,便是安居乐业、安土敦仁。无论宫殿、寺庙还是园林、民居,作为艺术的建筑,它们不仅仅只是提供业主或居住者工作或日常物质生活的场所,更是供他们修养、向世人展示文化思想的"形象工程",凝聚着中华文脉万众一心、认祖归宗的号召力,蕴涵并焕发着"周虽旧邦,其命维新"的生命力!

在形式上,便是以就地可取的泥土和木材作为最主要的材料媒介,尤以线条的木构架为基本的造型手段,所以又称"木构建筑""土木工程"。相比于以体面的垒石为基本造型手段的石构建筑和钢筋混凝工程,尤其是摩天大楼,更生动地诠释了人与自然相和谐的生态理念。

从而在审美上,便表现为对温柔敦厚的中和意境的追求。虽然就中国建筑自身而言,宫殿更倾向于辉煌灿烂的壮美,而园林更倾向于平淡天真的优美,但相比于西方建筑的恢宏,中国建筑的"壮美"其实别有"优美"的情调,而相比于日本建筑的侘寂,中国建筑的"优美"又别有"壮美"的气韵。正如钱锺书先生在《七缀集》中所说:"和西洋诗相形之下,中国旧诗大体上显得情感不奔放,说话不唠叨,嗓门儿不提得那么高,力气不使得那么狠,颜色不着得那么浓。在中国诗里算是'浪漫'的,和西洋诗相形之下,仍然是'古典'的;在中国诗里算是痛快的,比起西洋诗,仍然不失为含蓄的。我们以为词够鲜艳了，看惯纷红骇绿的他们还欣赏它的素淡；我们以为'直恁响喉咙'了，听惯大声高唱的他们只觉得是低声软语。同样，束缚在中国旧诗传统里的读者看来，西洋诗里空灵的终嫌有着痕迹、费力气，淡远的终嫌有烟火气、荤腥味，简洁的终嫌不够惜墨如金。"钱先生没有把中国诗与日本的徘句作比较，如果作比较的话，当相仿佛。诗如此，建筑亦然。

西哲有言："建筑是凝固的音乐。"从这一意义上，如果说西方建筑是交响的轰鸣，日本建筑是洞箫的呜咽，那么中国建筑便是古琴、是笛子的悠扬嘹亮，杂端庄于流丽，寓刚健于婀娜。

钱锺书先生在《七缀集》中还有一个重要的观点，即文学中的不同文体、同一文体中的不同风格，"就像梯级或台阶，是平行而不平等的"。到了《宋诗选注》中，他就直接拿建筑来说事："艺术之宫是重楼复室，千门万户，绝不仅仅是一大间敞厅；不过，这些屋子当然有正有偏，有高有下，绝不可能都居正中，都在同一层楼上。"那么，居于中国建筑史之"正中"和"高处"的又是什么呢？我认为，应该就是宫殿（包括陵寝）和园林。

正像李（白）杜（甫）的诗，最典型地反映了中国诗的精神、形式和审美；韩（愈）欧（阳修）的文，最典型地反映了中国文的精神、形式和审美；苏（轼）周（邦彦）的词，最典型地反映了中国词的精神、形式和审美；京（剧）昆（曲）的戏，最典型地反映了中国戏曲的精神、形式和审美；宫殿和园林，也正最典型地反映了中国建筑的精神、形式和审美。

建筑，是中国文化的形象标志，我们可以称之为"华表"，历古今之变而通天人之际。国家的建筑，是国家的形象标志；地方的建筑，是地方的形象标志；家庭的建筑，是家庭的形象标志。

01 第一讲
形象工程

一、汉唐威仪

据《易·系辞下》："上古穴居而野处，后世圣人易之以宫室，上栋下宇，以待风雨，盖取诸大壮。""以待风雨"就是以实用的需要为标准，而"取诸大壮"则表明了一种精神上的需求，即建筑物不只是作为物质生活的居所，更是一项"形象工程"。小到一个家庭，安居才能乐业，所以建造一所住房不仅是某一个人生活中的大事，而且是家族生活中的大事。大到国家，宫殿建筑的营造更关乎国家的威仪，标志着国家政府的形象，具有恩威并重、凝聚人心的意义。所以自三代以来，历代帝王登基后都要大兴土木，建设都城，而重点则在大内宫殿的营造，以象征他们的政治具有至高无上的权威和长治久安的实力基础。这样，宫殿建筑便成了中国古典建筑艺术的最高典范。

上古的宫殿建筑，以汉代为一大里程。汉高祖时，本来建都于洛阳，后采纳张良长安地利优于洛阳的建议于公元前202年迁都长安以为永久之计，在秦宫的基础上进行扩建，至武帝时更大肆营造。所建宫殿，以长乐、未央、建章三宫的规模为最大。

长乐宫是以秦的兴乐宫为基础加以修缮而成的。宫周围二十里，在长安城内东南部，宫内有临华殿、温室殿以及长信、长秋、永寿、永宁等宫殿，还有鸿台、酒池等，秦阿房宫前的铜人十二也被移到此宫前。宫成，诸侯群臣朝会,高祖叹曰:"吾乃今日方知为皇帝之贵也。"可见宫殿建筑对于统治者权威的特殊烘托作用。

未央宫是汉代新创的第一宫。据《汉书·高帝纪》,公元前200年,萧何治未央宫成,皇帝见其壮丽,甚怒,萧何对曰:"天子以四海为家,非令壮丽亡以重威,且亡令后世有以加也。"宫周围二十八里,在长安城西南部,其中共有台殿四十三座,门闼九十五座,无不辉煌灿烂;另有苑囿,计十三池、六山,极神仙缥缈之思。前殿东西五十丈,深十五丈,高三十五丈,疏龙首山为殿台,高出长安城。中央用于大朝,两侧用于常朝,和周制三朝纵列的方式不同,而开魏晋南北朝通行的以太极殿为大朝正殿,殿侧建东西堂为常朝及宴居所用的东西堂制的先声。其建筑装饰极尽华丽,据《三辅黄图》《西都赋》等记载,金铺玉户,华榱璧珰,雕楹玉碣,重轩镂槛,青琐丹墀,重轩三阶,闺房周通,列钟鼓于中庭,列金人于端闱,极壮丽之能事。另有宣室殿在前殿之北,为帝王的正寝,又称"布政教之室";温室殿设火齐屏风,冬居如春;清凉殿贮冰霜水晶,夏居如秋;天禄阁以藏秘书,石渠阁以藏图籍,承明殿为著述之所,金马门为宦者之署,麒麟阁为图画功臣像之处。后宫分为八区,椒房殿为皇后所居,昭阳舍为昭仪所设,无不富贵绮丽,饰以黄金之釭、蓝田之璧,明珠翠羽,芬芳细靡。

建章宫建于太初元年(前104),当时因柏梁殿遭火灾,大臣勇之向武帝进言:"越俗,有火灾复起屋必以大,用胜服之。"于是开始营建,位于未央宫西,长安门外。建章宫周围二十余里,宫南面正门曰阊阖,玉堂璧门三层,台高三十五丈;玉堂内殿十二门,阶陛均用玉砌;铸铜凤,高五尺,饰黄金,栖屋上,下有转枢,向风若翔;楼屋上椽首皆薄以璧玉;门内列凤阙及宫之东阙,均高二十五丈,饰以铜凤;门右有神明台,高五十丈,上有九室,其上又有承露盘,高二十丈,大七围,有铜仙人舒掌捧盘承露,武帝造此以求仙道;又有井干楼与神明台对峙,亦高五十丈,结重栾以相承,累层构而远济,可知是一极复杂的木构建筑。建章宫前殿形体高大,登殿可以俯视未央宫,其西则为广中殿,可容纳万人。此外尚有虎圈、狮子园、太液池、广中池、淋池、渐台、蓬莱、方丈等,众多的殿阁楼台、池沼苑囿,无不规模长乐、未央宫而加以发展,故论者推为西汉宫苑第一。

隋朝的宫殿体制一革汉魏以来东西堂的传统,改用三朝五门的格局。三朝即外朝——承天门、中朝——太极殿、内朝——两仪殿;五门分别为承天门、太极门、朱明门、两仪门、甘露门。后世自唐至明清,宫殿建筑的布局均以此为标准,相沿不移,足以体认中国封建统治定型化的等级礼仪秩序。

唐朝以大兴城为长安城,皇城宫室一如前朝,而东都洛阳宫室,因太宗怒其崇丽,命令加以撤毁,至高宗时重加营建。时值贞观盛世,长安宫殿作为大唐威仪的象征,在隋故宫的基础上加以扩大,成为古代宫殿建筑的又一个高峰,尤以太极、大明两宫为标志。

太极宫在长安宫城中部,其地理形势足以控制全城,因大明宫在其东,故又称西内,而大明则称东内。正殿太极殿即隋之大兴殿,前庭建角楼以置钟鼓,左延明门之东有宏文馆,为隋观文殿的后身;以图画功臣传名后世的凌烟阁,则在宫城之西北部。宫城内别开山水池等用于游豫,建佛光寺以供养经像。

关于太极宫的内部布局,目前还没有完善的考古资料,据《唐六典》等推测,是强调中轴线对称的纵深构图,沿轴线进深前后安排三朝殿堂,即以正门承天门为外朝,"若元正、冬至,大陈设宴会;赦过宥罪,除旧布新;受迈出国之朝贺,四夷之宾客,则御承天门以听政"。由于是国之大典,非常隆重,所以场面很大,门前辟南北宽达 220 米、东西贯通皇城的宫前广场正用于此途。门的造型作威壮的宫阙形式,也有助于烘托广场热烈的气氛。入承天门为太极门,再内为太极殿,称为中朝或常朝,用作朔望之日坐而视朝,规模虽略小,但气氛更为森严肃穆。殿后朱明门、两仪门,两仪殿在门内,称为内朝,是"常日听朝而视事"的地方,殿后又有甘露门、甘露殿,应是退朝后休息的地方。中轴各殿殿前庭院左右均有配殿。这种在中轴上布置多重殿庭,左右对称地加以挟持烘托,用纵横通路和廊庑连接起来,有高潮,有起伏,总体交织成很大一片空间的构图方式,是古代宫殿建筑的常用手法,所不同的只是规模、气魄的大小而已。太极宫之东称为东宫,西为掖庭宫,各以对称的布局形制对太极宫起到朝揖仪卫的作用。

大明宫建于太宗贞观八年(634),龙朔三年(663)高宗迁大明听政,遂取代太极成为主要的朝会场所。大明宫的营造,主要是因为太极宫地势较为卑湿,不便皇居,所以要在龙首原的东趾"北距高原,南望爽垲"之地别辟风水;同时,大明宫东、北、西三面,包括汉长安故城在内,都是禁苑,宫苑之间联系方便,也便于防卫;宫南墙正门丹凤三道,南出大街,与大雁塔相直对望,又具有最佳的城市环境艺术效果。

大明宫的遗址大部分已经发掘,因此,结合文献,其面貌便显得十分清晰。宫城平面呈不规则长方形,自南端丹凤门北达太液池蓬莱山,为长达数里的中轴线,以太极宫为准则,在中轴线上排列有全宫的主要建筑外朝含元殿、中朝宣德殿、内朝紫宸殿,左右大体对称建昭训与光范、翔鸾与栖凤等门、阁。

含元殿是大明宫主殿,踞龙首原高处,高出平地 10 余米,有充分的前视空间,所以适于外朝。殿阔十一间,进深四间,面积近 2 000 平方米,与明清北京紫禁城太和殿相埒。殿为单层,重檐庑殿顶,左右外接东西向廊道,廊道两端再南折斜上,与建在高台上的翔鸾、栖凤两阙形阁相连,整组建筑呈倒凹字形。这一形制,直接影响到五代洛阳的五凤楼、宋东京的宣德门和明清北京紫禁城的午门,阙和主体建筑从此相连而不再各自分立。

宣德殿庭院渐小,紫宸殿更小。倒是蓬莱池西邻接大明宫西垣的高地上所建之麟德殿,其规模之伟大,堪称中国古代宫殿建筑之最。根据遗址发掘和复原研究的方案,殿由四座堂宇前后紧密串联而成。前殿单层,中殿和后殿均为两层,最后一座障日阁亦单层。前、中、后三殿面阔各十一间 58 米。障日阁九间,前殿进深四间,中殿五间,后殿和障日阁各三间,总进深十七间 85 米。底层总面积达 5 000 平方米,约为北京故宫太和殿的三倍,加上中后殿的上层,总面积达 7 000 平方米。屋顶形制前中两殿为单檐庑殿顶,后殿和障日阁为单檐歇山顶。全殿建在层叠两层的大台座上,座高近 6 米,高砌面砖,边围雕栏。相当于中殿的位置上,左右各置一方形高台,台上立单层方形东西亭,以弧形飞桥与中殿上层相通。相当于后殿的位置上,左右各置一矩形高台,台上建单层歇山顶小殿,称郁仪楼、结邻楼,也以弧形飞桥与后殿上层相通。麟德殿是皇帝举行大型宴会的场所。大历三年(768)的一次宴请,共有神策军将士三千五百人参加;而邻近西垣,显然是为了便于大量人流的出入而不至于干扰大明宫主体的森严秩序。从建筑艺术的角度,虽整体规模巨大,但由于是以数座殿堂高低错落结合而成,每座殿堂的体量并不逾出正常的尺度,所以并不觉得笨重。东西的亭楼体量甚小,更显出性格的玲珑,衬托出主体建筑的壮丽多彩。该殿踞于高地,又以两层高起于众屋之上,东望蓬莱池苑景区,或由苑景区西望殿堂,壮美优美,互为对景,相得益彰。

综观唐代宫殿建筑,以国力的昌盛,洋溢出昂扬旺盛的创造活力,开创出辉煌灿烂的审美境界,在整个中国建筑史上,是一个高度成熟、高度繁荣的黄金时代,堪称"前不见古人,后不见来者"。从形制而论,广泛采用左、中、右三路拱卫对称的规整格局,中路层层进深顺序布置三朝,构成宏规巨模,成为后世宫殿建筑的模范方式,使宫殿建筑在体现帝王豪侈的物质生活居住需求的同时,更象征了一个王朝政权统治的等级秩序和精神追求。

二、营造法式

五代动乱之后,宋太祖受周禅,在汴梁(今开封)既有市政建设的基础上仿洛阳制度修葺大内宫殿，面貌为之一变。大内本来是唐节度使治所，梁为建昌宫，晋号大宁宫，周加营缮，略有王者之制。太祖则命有司画洛阳宫殿，按图修建，"皇居始壮丽"，有威加海内的气象。宫城周五里，南三门，正门宣德，两侧左掖、右掖；东门东华，西门西华，北门拱宸。宣德门楼形，下列五门，金钉朱漆，砖石甃壁，雕镂龙凤飞云之状，峻桷层榱，覆以琉璃瓦，曲尺朵楼，朱栏彩槛，莫非雕甍画栋，极壮丽之致。大内正殿为大庆，正衙为文德，北有紫宸殿，为视朝之前殿；西有垂拱殿，为常日视朝之所。次西有皇仪殿，再西有集英殿，为赐宴群臣之所。后宫有崇政殿，殿后有景福殿，西有延和殿，为帝王阅事便坐之所。仁宗景祐元年（1034），展拓大庆殿为广庭，改殿为九间，左右挟各五间，东西廊各六间，用作朝会封册的场所；后又在此殿行飨明堂、谢天地之礼。从整体布局来看，比之隋唐，规模不是十分宏大，轴线也不是十分严格。如文德殿与紫宸、垂拱合成东西横列的一组，文德为"过殿"而居于中轴，却不处于正殿大庆的正中线上而偏西。这些都使得北宋的宫殿显得气局不大，政教王权的庄肃威严已大为淡化，而更具有灵活纤巧的特点，反映出崇文抑武的国策。对于宫殿建筑的影响，就其创意而论，则御街千步廊的制度，各立黑漆权子，路心又立朱漆权子，中心道不得人马行往，权子内甃砌御沟两道植莲荷，近岸植桃李，加强了宫殿内外的联系，为元、明、清的宫殿格局所仿效；同时，"工"字形殿的平面，唐代仅用于官署，名"轴心舍"，宋代则用于宫殿，为森严的空间平添了活泼的氛围。而作为崇文的具体表现，则是宫城中多建有崇文院三馆、秘阁、苑囿等，规模超过前代；又因宋帝都崇奉道教，宫中多建有道教宫观，为前代所罕见。至于崇宁二年（1103）刊印颁发的李诫的《营造法式》，作为当时和前代以宫殿为主的官式建筑的总结，更成为中国建筑史上的一部经典。

《营造法式》开始时由北宋的将作监编修，至元祐六年（1091）成书，绍圣四年（1097）又由将作监少监李诫奉敕重修，于孝宁二年（1103）刊印颁发。全书共三十四卷,分为释名、各作制度、功限、料例和图样五部分。此书总结了历代建筑的经验,同时又为当时后世的建筑,尤其是宫殿、寺庙、官署、府第的构造方法,制定了明确的等级和规范。既强调森严的规章制度,又宣称"有定法而无定式",各种制度在基本遵守的大前提下不妨"随意加减"。

宫殿建筑的规划布局,都是附会了封建统治的礼制来加以设计的,因而具有森严的等级秩序,合于肃穆的阴阳术数。宫城的选址必须符合风水堪舆的观念,有助于王气的涵养生发。如汉唐的宫殿,均借龙首原的气脉以助威仪,自然非同凡响,能尽大壮之致。所以,班固《西都赋》赞美长安宫殿:"体象乎天地,经纬乎阴阳,据坤灵之正位,仿太紫之圆方。"颜真卿《象魏赞》赞美长安宫殿:"浚重门于北极,耸双阙以南敞,夹黄道而巅崿,干青云之直上,美哉! 真盛代之圣明也。"

宫址既经选定,宫城内各建筑物的布局安排、空间的转换组织等等,又必须依照礼制的等级秩序加以具体的经营。无论周和隋唐以后的"三朝"制度,还是汉魏的"东西堂"制度,大体上按照中轴线作左右对称、层层进深的布局,前朝后寝,左祖右社,秩序井然,气氛森严,拱卫朝揖的皇家威仪,凛凛然有条不紊。

从宋代开始,又在皇宫正门前设千步廊,建立一种特定的环境气氛。以北京故宫为例,坐落在由永定门经正阳门到钟鼓楼的一条中轴线上,通过街道的约束引导人们的注意力恭对正阳门,这种强烈的感应措施在建筑景观学中称为"沿街对景"。进入前门后,棋盘街的闹市使人的注意力稍稍松散,以调节紧张的情绪;但进入大明门(清改大清门,今之中华门)后,注意力又重新趋于集中,渐次进入名为天街的丁字形宫廷广场。广场为严格的轴线对称,周围环绕色彩浓郁的红墙,层层封闭,正中一条狭长而笔直的大道一直伸向天安门前,大道东西两边,傍红墙内侧为连檐通脊的千步廊,一间一间地排列进去,体形矮小单调,衬托出矗立在大道尽头的天安门显得格外雄伟壮丽;同时,中心大道的纵长深远与尽头横街的开阔平展,在空间上突然变位,进一步显示出宫殿的尊严华贵和皇权的绝对权威。进入天安门后,两边建重复低矮的廊房;进入端门后,依然如此,视线遂被一直引向前方;其后又要经过午门、太和门,才能登上三层由汉白玉栏杆围绕的台阶到达太和殿,参加朝拜的典礼。在这种空间环境的感应下,再加上传呼和礼乐气氛的影响,必然导致人们产生肃然起敬的心理。

布置在轴线不同位置的各单体建筑,因功能的不同而各有不同的形制、体量,而它们的基本结构部件,不外乎台阶基座、屋身构架、屋顶造型三大部分。此外,一座建筑既成,在它的室内、室外还要有相应的装修处理和陈设布置。

任何建筑都需要有一个赖以矗立的基础,基础越是深广,建筑物的体量也就可以建得越是高大,这是古今中外概莫能外的。但是,由于中国古代的建筑,尤其是官式的宫殿建筑,几乎都是木结构,由于木料的长度、粗细、承重的预应力及易燃等局限性,一般来说,建筑的空间体量不可能很大。但是,古代的建筑匠师在营造宫室之时,巧妙地统筹规划,利用巨大的台基或高起的地形地势作烘托,或向高层发展,造成崇高的体量;同时,又借助于建筑群体的有机组合,重重铺陈,环环烘托,造成伟大的体量。从而,成功地克服了木结构建筑难以达到崇高、雄伟的缺陷,表现出丰富多彩、不同而和的"大壮"审美特色。

台阶基座,最早时为夯土台,以高度的不同来区分坐落于其上的建筑物的等级,后来也有借地形而成其势的,这不仅仅是为了保护建筑的基础,更是为了显示建筑物的崇高庄严。如元代的李好问曾说:"予至长安,亲见汉宫故址,皆因高为基,突兀峻峭,崒然山出,如未央、神明、井干之基皆然,望之使人神志不觉森竦。使当时楼观在上又当何如?"这种情形,今天我们还可以看到,如山西侯马晋故都新田遗址的夯土台,高7米;山东临淄齐故都遗址的夯土台,高 14 米。这说明崇台峻基确实可以提升整座建筑物的体量,给观者以雄伟的印象。

至后世,建筑技术发达,宫殿建筑的基座改为砖石雕砌,可以分为表面平直的普通基座、带石栏杆的较高级基座、须弥座式带石栏杆的高级基座和三层须弥座式带石栏杆的最高级基座四等。根据礼制的规定,后两种只有殿式建筑才能使用,前两种则可为王公、士民所通用。反映在宫殿建筑的实物遗存中,如故宫太和殿的基座便为三层须弥座式带石栏杆的最高等级,高达 8 米以上,从而进一步烘托了大殿的雄伟崇峻,至高无上;其他殿堂建筑则依其等级的不同,分别用高级、较高级、普通三种不同的基座。

有基座,就必然辅以踏道,系建筑物出入口处供上下进出时蹬踏的通道。最常见的是台阶式踏跺,分为四个等级。普通踏跺从大到小、由下而上以大小不一的规整石块叠砌而成,可三面上下;较高级的踏跺两侧带垂带石,只能一面上下,且拾级较高;更高级踏跺在垂带石上加石栏杆,且拾级更高;最高级踏跺,则以垂带石加石栏杆的台阶与雕龙刻凤的斜坡道相结合,且往往三阶并列式分列,正中的斜道为皇帝通行的御路神道,两边的台阶才是大臣进退的阶梯,如故宫太和殿前的踏道即是如此。

中国古代的木结构建筑,所谓"大木作"是指屋身构架而言。它由柱、枋、梁、斗拱、桁、椽等木材,按照一定的尺寸比例和形状体量,组合成为一座建筑物的基本框架,然后在柱间砌墙或安置门窗,在椽上铺设屋顶即成。

柱,是指竖立的木材,断面为圆形,按构件所处的部位分为外柱(檐柱)和内柱。外柱可以与内柱等高,也有低于内柱的。正面两檐柱间的水平距离称为"开间",又叫"面阔"。一座建筑物如果正面横列十根柱子,就是九间,也叫"面阔九间"。绝大多数的开间是奇数,取其吉祥的含义;又糅合了等级礼制,开间越多,等级越高。民间建筑常用三、五开间,宫殿、庙宇、官衙多用五、七开间,十分隆重的九开间,最多可到十一开间。各开间的名称因位置的不同而异,正中一间称明间或当心间,左右侧的称次间,再外的称梢间,最外的称尽间,九开间之外的建筑则增加次间数。各开间的面阔有距离相等的,也有各间不匀的。

枋,又称额枋或阑额,是指柱的上端横向联络与承重的构件,南北朝之前多置于柱顶,隋唐以后移到柱间。有时两根叠用,上面的称大额枋,下面的称小额枋,两者之间衬以垫板。枋也有使用于柱脚处的,则称为地栿。

梁,又称栿,是指柱的上端纵向联络与承重的构件,其外观有平直的直梁和弧形的月梁,断面多为矩形,或近于正方,南方民居也有用圆木为梁的,称为圆作。

斗拱,系我国古代木结构建筑中联络柱、枋、梁的特有部件,由方形的斗、升和弓形的拱、斜出的昂组合而成。它在结构上起承重作用,并将屋顶的大面积荷载传递到柱上,在装饰上则起到屋顶与屋身立面的过渡作用。此外,还作为封建等级礼制的象征和建筑物重要性的衡量尺度,一般使用在高级的官式建筑中。

斗拱的形式相当丰富多彩,依其所在的部位,有外檐斗拱、内檐斗拱、柱头斗拱、柱间斗拱、转角斗拱等等;依其组合的方式,有一斗二升、一斗三升、一斗四升、单层栱、多层栱等等。斗、升、栱、昂,如犬牙交错、勾心斗角,是古建筑大木作中最富于艺术性的构架形式。

桁,又叫檩或槫,是横向联络梁并直接组成屋顶构架的部件,依其所在的部位,屋顶正中的为脊桁,两坡斜下则依次为上金桁、中金桁、下金桁、正心桁(檐桁)、挑檐桁。托桁用替木,或用枋结合替木和斗拱组成的襻间支撑。桁头伸出山墙之外的称为出际或星废。

椽,是垂直搁置的桁上直接承载屋顶荷负的构件,依其所在位置,自上而下依次为脑椽、花架椽、檐椽、飞椽。在檐上铺望板,望板上盖苦背,苫背上即可置瓦。一座建筑物，其纵向的尺度称为进深，进深的距离有用屋架上的椽数来计算的，如有四椽，则称为四架椽屋；也有用纵向的柱数来计算的，如纵向有六根柱子，便称为进深五间，与面阔的计算方法相类似。

屋身的构架即柱、枋、梁、斗拱、桁、椽的组合，通常有叠梁式和立贴式两种。

叠梁式在台基上立柱，柱上支梁，梁上放短柱，其上再置梁，如是层叠而上，其间再穿插枋、斗拱、桁、椽等部件而成。这种结构多用于北方。

立贴式又称穿斗式，其特点是立柱从上而下直落台基，称为落地柱，柱间不用梁，而用若干穿枋联系，两根落地柱之间的穿枋上另立短柱，与落地柱一起直接承桁，因此一般不用斗拱。这种结构多用于南方。

古代建筑在外观上变化最为显著的是屋顶这一"上层建筑"。其形式有庑殿、歇山、悬山、硬山、攒尖、盝顶、卷棚多种形制，其组合有单檐、重檐、丁字脊、十字脊多种方式，再加上用瓦的材料、色彩和屋脊的装饰美轮美奂，辉煌、平淡，应有尽有，各有不同的等级制度。

庑殿顶四坡五脊，所以又称四阿顶或五脊顶。前后左右四坡，正中为正脊，四角为垂脊。重檐的另有下檐围绕殿身的四条搏脊和位于角部的四条角脊。其特点是宽博明朗，如吴带当风，所以又称"吴殿"顶。尤以重檐庑殿顶气派最为恢宏，多用于封建礼制中最高级别的建筑物，如故宫的太和殿等。单檐庑殿顶则用于第三等级的建筑物，如故宫的体仁阁等。

歇山顶四坡九脊，由正脊、四条垂脊、四条戗脊组成，如果加上山面的两条搏脊，则共有十一脊。它也有单檐、重檐之分。其特点是转盈秀丽，如曹衣出水，所以又称"曹殿"顶。尤以重檐歇山顶玲珑而兼恢宏，多用于封建礼制中次高级别的建筑物，如故宫的保和殿等。单檐歇山顶则用于第四等的建筑物，如故宫的东西六宫等。

由两个九脊顶作丁字相交的，其插入部分称为抱厦；也有十字相交的,使屋顶的造型更富于变化生动之致,但级别并不高。

　　悬山顶两坡五脊,其特点是屋面左右悬伸在山墙之外,悬出部分称为排山或出山。其特点是庄重大方,但等级不高,一般用于宫殿建筑中的第五级建筑,如故宫太庙的神厨、神库,但在民居建筑中却有普遍应用。悬山顶如果不用正脊,则成为卷棚顶,多用于园林建筑中,去其庄重之致,而赋予其灵秀之意。

　　硬山顶也为两坡,但屋顶不悬出于山墙之外。山墙大多用砖石承重并高出屋面,墙头做成各种形式。其特点是庄重朴素,等级更低,如故宫保和殿的两庑。在民居建筑中则运用更广,山墙形式亦更丰富,如封火山墙等,其特点是高出建筑物,以防火灾殃及。

　　至于攒尖顶、盝顶等,各以奇巧雅致为胜,如故宫的中和殿、古华轩等;宫廷之外的各种建筑,尤其是园林建筑中的亭、阁等,更广泛地使用攒尖顶形制,其特点是屋面较陡,无正脊,数条垂脊合交于顶部,平面有方、圆、三角、五角、六角、八角、十八角等。除塔之外,一般以单檐的为多,重檐的较少。盝顶则是在平顶的四周加短檐,易素朴为华饰而成的一种屋顶造型。

　　不同形制、等级的屋顶,多做成屋檐翘起的飞檐形式,从实用的角度,可以加强采光、防止风雨侵袭墙脚柱础;从审美的角度,如鸟斯革,如翚斯飞,又可以助长建筑物转盈飞扬的轩昂气势,减轻如黑格尔论古代建筑时所说的“沉重的物质体量压倒心灵”的窒抑感。

　　高级的建筑物多用琉璃瓦覆顶,色彩辉煌炫耀,同样有助于显示壮丽的气派;而低级的建筑物尤其是民居和私家园林,则用灰瓦覆顶,色彩比较清淡。

　　高级屋顶的脊上,还辅以琉璃瓦饰。正脊两端用吞脊兽,又称鸱吻、鸱尾、大吻等,用以保护不同坡面的交接处不使渗雨,同时又合乎消灾灭火的术数观念,象征建筑物高高在上的等级权威,还可以起到装饰美化的作用。垂脊上有垂兽,戗脊上有戗兽,统称为兽头,主要用作等级权威的象征和造型审美的装饰。翘起的飞檐上常排列一队小兽,大小多少由建筑物的等级所决定,最高等级的为十一个,以骑凤仙人领头,而后依次为龙、凤、狮、天马、海马、狻猊、狎鱼、獬豸、斗牛、行什,多为传说中的吉祥动物,具有术数的意义,又助长了飞檐的动势。如故宫太和殿的飞檐瓦饰便是如此;乾清宫的地位稍低,故檐兽的型号缩小一号,数目减少一个;坤宁宫的地位又低一些,故檐兽的型号又缩小一号,数目则减少三个。

宫殿官式建筑的营造法式,以大木作法为主要手段。如果以侈华细靡为尚,便可能影响到大壮之美的永恒象征意义。如金世宗所说:"宫殿制度,苟务华饰,必不坚固,以此见虚华无实者不能经久也。"但这并不意味着它对于室内小木装修乃至彩绘、陈设等就不予考虑。撇开六朝绮靡的宫殿建筑不论,事实上,无论秦汉、唐宋还是明清的宫殿建筑,在注重大气魄、大气势的同时,适当地调动小木装修和彩绘陈设的精巧手段,寓婀娜于刚健,杂流丽于端庄,可以进一步丰富并深化大壮之美的内涵。因此,文献中所记著名的宫殿建筑,不仅外观壮丽雄伟,内部亦多雕梁画栋,华榱璧珰、悬缓绣幔,十分精致考究,令人眼目为之炫耀。

至于民间的建筑,尤其是富商巨贾、官僚文人的宅邸,受等级礼制的规定,不可能在大木作方面随便攀比,更只能把人力、物力投注于小木装修方面作尽情的争奇斗胜。

小木装修可分为外檐装修和内檐装修。前者在室外,如走廊的栏杆、檐下的挂落、对外的门窗等等。后者在室内,如各种隔断、罩、屏风、天花、藻井等等。其中,施以几何构成和图案雕刻的槅扇门、罩、直棂窗、槛窗等,最为精丽雅致。除木雕外,也有用砖雕、石雕的,精雅的作风与木雕完全一致,尤以明清建筑的雕饰成就更高。

彩绘原是为了防止木结构腐朽的一种髹漆手段,后来才演变成为专门的装饰艺术,一般多用于宫殿建筑中。根据礼教的等级制度,最高级的建筑用和玺彩画,如故宫的太和、中和、保和三殿和乾清、坤宁两宫,其特点是以两个横向的 W 括线分割画面,绘以龙凤图案,间补花卉,大面积地堆金沥粉,产生金碧辉煌的效果。次高级的建筑用旋子彩画,如故宫的南薰殿、长春宫等,其特点是以横向的 V 括线分割画面,也有画龙凤图案的,但比较单调,间补花卉,全以旋转的图式组成,则比较复杂,贴金仅用于主要部位,也有一点不贴金的。第三种苏式彩画,品级更低,但布局灵活,绘画的题材有一定的选择自由,如人物故事、山水花鸟,不限于宫殿,也可用于王公的府邸。

室内陈设包括家具的布置和工艺的陈设,必须符合实用和审美的要求。建筑物主人的身份不同,建筑物的功能、级别不同,其陈设的内容和风格自然也有所不同。

室外陈设的最早起源,当发生于上古祭祀建筑神社的布局。无论怎样简陋的神社,它的前面必有一片广场,广场上必树立一根神木,它是"且"的象征符号,后来演变为旗杆。后世的宫殿建筑,为了象征君权神授的无上权威,对于室外陈设的要求自然也有更为严密的礼制规定。以故宫为例,常见的宫殿室外陈设器物、建筑物主要有华表、石狮、嘉量、日晷、吉祥缸、江山社稷亭、香炉、铜龟鹤等。

上述以宫殿为主的古代建筑营造法式,是古建筑审美判断的基础常识。其总体布局的构思设计,不妨称之为"惨淡经营",从而为实际的施工创作奠定了"意在笔先"的草图;而从基础到屋身到屋面单体结构的落成则可称之为"大胆落墨",整个建筑作为一件作品的概貌,得以基本完成;至于"小心收拾",室内装修的匠心着眼点是放在内部空间气氛的完善方面,室外陈设的布置着眼点是放在外部空间的完善方面。所有这一切,无论是出于实用的目的包括精神和物质两方面的生活功能,还是出于术数的比附观念,都是围绕着大壮之美这一中心任务而层层展开并落实的,最终为朝会制度的举行构筑出一个最理想的长治久安的空间环境和形象标志。

三、明清故宫

北京故宫是古代宫殿建筑完整保存至今的唯一实例。明朝灭元后，初以南京为都城，成祖永乐十五年(1417)起开始营建北京宫殿，同时重新规划大都旧城，永乐十八年(1420)后迁都北京，南京成为陪都。

明北京城是在元大都城的基础上向南加以扩展，加筑外城，把天坛、先农坛和稠密的居民区圈进都城范围，至于东、西、北三面的外城，基本上没有多大的改动，这样，北京城的平面就成了"凸"字形。清朝定鼎北京后，在布局规划方面几乎没有什么新的动作，而仅致力于大内苑囿的营造和宫殿的修建。

城市布局以皇城为中心，呈不规则的方形，位于全城南北中轴线上，四向开门，南面的正门就是天安门，天安门之南的前门明称大明门，清称大清门，即今之中华门。皇城之内密布宫殿、苑囿、坛庙、衙署、寺观等，其核心则是大内紫禁城。紫禁城高墙大门，四角建华丽的角楼，城外围以护城河。高墙大门把紫禁城内的宫殿封闭起来，令人莫测高深而益增其神圣威严；四角角楼则透出大内壮丽的些微信息，如红杏一枝，令人想象满园春色。由前门起经紫禁城直达地安门，这一轴线位置完全为帝王的宫殿建筑所占据，又按宗法礼制于宫城前的东侧建太庙，西侧建社稷坛，内城外四面造天坛(南)、地坛(北)、日坛(东)、月坛(西)，天安门前左右造五府六部衙署。这些宫殿建筑虽在紫禁城之外，但大都体量宏伟，色彩鲜丽，与一般市民的青灰瓦顶住宅四合院建筑形成强烈对比，在城市规划意图上强调了封建统治的等级秩序，突出了帝王至高无上的权威。

内城的街巷纵向以自崇文门起直达北城墙和自宣武门起直达北城墙的两条干道为主要大干道，其他街道、胡同系统均与这两条主干道联系在一起。外城的街巷因是自然形成，所以相对散落，不如内城的方整有序。由此也正可见城市建设中规划设计的重要性。

明清北京城内的市肆共 132 行,相对集中在皇城的四侧并形成四个商业中心:城北鼓楼一带;城东、城西各以东、西四牌楼为中心;城南正阳门外。这样的商业布点,无疑是为方便统治阶级的生活服务的。

明北京城虽沿袭元大都城的旧制,但元宫殿早已毁坏,所以明故宫的营造完全属于创建,而它的形制规模大体遵循南京宫殿的制度。当时集中了全国各地的能工巧匠,陆续征调了二三十万农民和部分卫军做壮丁,大兴土木。所用的木料,多从四川、贵州、广西、云南等地的深山老林中采伐而来,石料则从北京附近的房山、盘山等山区开采。采料维艰,运输尤其不易,而这一切还仅属于准备工作,整个工程长达十余年方告一段落,也就不难理解其工程的艰苦性了。

明末李自成入京后,大内宫殿颇遭焚毁;清兵入关后重新加以修葺,规模制度仍依明代而少有改变,京城、皇城、宫城、内廷宫室,并在旧址,仅诸门、诸殿的名称略予变易。如明之奉天、华盖、谨身三大殿,明末改称皇极、中极、建极,从此改称太和、中和、保和,后宫名称则几乎不作变动。顺治时修整诸殿,重修内宫;康熙时敕建太和殿,重修三大殿,基本恢复了前明旧规。乾隆时又重修三大殿,敕建文渊阁;嘉庆时重修乾清宫、交泰殿,嗣后直到清朝覆灭,再没有较大规模的修葺活动。

清代的宫殿营造工程,无不沿自明朝,虽其修筑规模的宏巨比明朝有所不及,但因传统的官式做法经过数千年的发展变化,其经验已臻极致。尤其是雍正十二年(1734)颁行的《工部工程做法则例》,堪与宋代的《营造法式》相媲美,是中国古代建筑成就的结晶。全书凡 74 卷,列举了 27 种单体建筑的大木作法,并对斗拱、装修、石作、瓦作、铜作、铁作、画作、雕銮等法和用工用料都作了细密的规定,只需按规格处理,便可用于实际的施工。这虽使单体建筑的造型结构受到限制,难以突破传统的格局,但对加快设计和施工进度以及掌握工料的使用等却都有很大的益处,而设计工作的重点从此亦可集中于提高总体布置和装修大样的质量上,宫殿建筑因此而迎来了最后一个全盛的阶段。所以,论故宫建筑,其总体的规模虽肇自明代,而单体的殿宇楼阁则多数为清代重建或创建,严密的结构,精到的做工,比之明代颇有过之。

故宫位于皇城之中,东西 760 米,南北 960 米,矩形平面,四周砌高大的城垣即紫禁城。城四面辟门,东名东华,西名西华,北名神武,南为正门名午门。城前有千步廊,廊东为太庙,西为社稷坛,千步廊引向端门,门南即为皇城正门天安门。明清两代的官员,都是由天安门经端门进午门而入宫参加朝廷典礼的。

午门采取门阙合一的形制,高峻雄伟,沿千步廊前进瞻望,令人肃然起敬。午门下辟门洞,乳钉门气象威猛森严,入门洞更令人有被吞噬的压抑之感。过阴森的午门门洞,为一开阔的广场,广场中央横贯一渠,渠两岸设栏干,正对午门和太和门之间,并列五桥即金水桥。这一构思对于破除广场的平板颇有意义,同时又与天安门前的外金水桥相为呼应,对入宫朝拜的官员也可起到一种心理上的调节作用。因为过金水桥入太和门,就将面对外朝的正殿太和殿,经验不足的官员经过午门的压抑,如果不给他留下一隙调节的余地,难免在朝廷的大礼中举止失措,不知应对。但此渠道的平面呈向上开口的弧形,则与外金水桥渠的平直不同。究其原因,是由于外金水桥所面对的是开阔的天安门广场,内金水桥所面对的则是狭隘的午门门洞,如果也取平直的形状,那么在门洞出口处就无法尽览其完整的形象,未免有损皇家的威仪。而现在,当我们凝神屏息踏入午门的门洞,走到一半时稍稍抬头正视,金水桥的形象便豁然开朗地全部收入视野,压抑的心理也可为之一振。

经金水桥拾级而上太和门,出门便是一片更为开阔的广场,太和殿矗立在广场北端高大洁白的汉白玉三重须弥座台基上,雍容端庄,具有至高无上的威仪。这里便是举行朝廷最隆重典礼的场所。太和殿后为中和殿,中和殿后为保和殿,统称三大殿,均属于外朝的宫殿。此外属于外朝的殿宇,还有太和门东、西两侧的文华、武英两殿。

内廷部分,以乾清门为界,属于帝王后妃的生活区。中轴线上,以乾清宫、交泰殿、坤宁宫三座殿宇为主体,为帝后居住处。东西两侧密布东六宫、西六宫,为嫔妃居住处。东出景运门为太上皇宫,以宁寿宫为主,包括戏楼、花园等;西出隆宗门为皇太后的慈宁宫及供奉佛道的建筑。整个宫城最北一区为御花园,亦属于内廷部分。

在72万平方米的地盘上,建筑面积达15万平方米,大小屋宇九千余座,虽不免拥挤,但中轴线明确,左右对称,秩序井然,左祖右社、前朝后寝,无不合于封建礼制的要求,在建筑美学上足以体认"大壮"的特色。外朝与内廷的空间处理,气氛迥然不同,这不仅反映在建筑物的造型、体量、装饰各方面,也反映在建筑物的疏密程度、自然物的剪裁处理上。如外朝的空间较开阔而摒去树木山石,后庭的空间较紧迫而多植花树假山,分别渲染了不同的空间氛围。尤其令人叹为观止的是,置身于故宫之中,移步换景,所不断地感受到的是或恩或威、各各不同的皇家威仪;而北出神武门,登上景山最高处,仰观宇宙之大,俯察品类之盛,蓝天白云之下,故宫的千万重宫阙,竟能尽收眼底,一览无遗,这是何等壮观的景象!

故宫的每一组单体建筑群,自三大殿至后宫的任何一部分,莫不以一正两厢合为一院的构造为组合原则,每一组可由一进或多进院落构成。所以,整座紫禁城实际上是由多座庭院所合成。就三大殿而论,自午门以内,第一进北面正中为太和门,东西两厢为左协和门、右熙和门,形成外朝的前庭;太和门以内,北端正中为太和殿,东厢体仁阁、西厢弘义阁,各殿阁间缀以廊屋,合成更开阔的庭院;保和殿与太和殿对称而成又一庭院,两者同立于一崇高广大的"工"字形石陛上,各在一端,石陛之中则建平面正方形而体量稍矮小的中和殿,因此,虽然四合庭院的形制不甚明显,但基本的布置仍不出此范围。保和殿后为乾清门,与东侧景运门、西侧隆宗门又合为一庭院。而就三大殿的全局而论,则自午门以北、乾清门以南实际上也是一个大庭院,只是其内部更划分为四进而已。尤其是将三大殿前后并列于高大洁白的"工"字形石陛上,在色彩、体量两方面烘托出三大殿至高无上的权威,是古代宫殿单体建筑中一个成功的范例。

太和殿俗称金銮殿,位于故宫中心之中心,三大殿之最前列,坐落在8米多高的汉白玉雕栏须弥座上,台基四周矗立成排的云龙、云凤望柱,有万笏朝天之势。前后各三座石阶,中间石阶用巨大的石料雕刻有蟠龙,衬托以流云海浪的御道,御道两侧即为官员上下的踏跺。大殿面阔明代时九间,清代改为十一间,但总体尺度不变,约64米,进深五间,约37米,高约27米,重檐庑殿顶,庄重的造型、宏伟的体量,具有故宫主殿所应有的崇高、壮伟之感;与明长陵棱恩殿并为我国现存最大的木构建筑。殿内七十二柱,排列规整而不用抽减或移动内柱位置的做法,气魄有余而巧思稍逊。斗拱下檐单杪重昂九踩,上檐单杪三昂十一踩,属于最高的礼制规格。殿内外木材均施彩画,堆金沥粉的柱子,和玺彩画的额枋,繁缛精致的蟠龙藻井,莫不金碧辉煌、庄严华丽。屋顶饰黄琉璃瓦,红墙黄瓦,反射出阳光的璀璨,在蓝天白云下所产生大面积原色的强烈对比,使大殿的总体审美效果更为突出。站在广场上瞻仰大殿,或站在月台上俯视广场,缅想当时群臣匍匐、三呼万岁的情景,不由人心潮沸腾,难以自已。

四、孔庙和关庙

顾炎武曾说:"有亡国,有亡天下。"亡国者,江山之易姓,亡天下者,文化之灭绝。中华文化,自汉代罢黜百家、独尊儒术以来,一直以孔子的儒家学说为正统,包括孔子本人,也被后世尊为大成至圣的万世师表。因此,可以说,历代的宫殿建筑是国家政权的面子工程,而祭祀孔子的孔庙、文庙便是中华文化的形象标志。宫殿建筑可以因江山的易主而倾圮另建,孔庙建筑则历代皆修葺不绝,作为中华文化的形象代言,孔庙的香火不绝,正意味着中华文化的文脉不断。

孔庙、文庙的建筑遍布全国各地,而尤以山东曲阜孔子故里的孔庙以及孔府、孔林的规模为最大。

孔庙始建于其殁后一年,鲁哀公将其故宅三间改为庙,岁时奉祀,西汉以后历代帝王不断对孔庙进行重修、扩建,成为一处宏大的古建筑群。前后共九进院落,前有棂星门、圣时门、弘道门、大中门、同文门、奎文阁、十三御碑亭。从大成门起,分为三路,中路有杏坛、大成殿、东西庑、寝殿、圣迹殿;东路为孔子故宅,有诗礼堂、礼器库、鲁壁、故宅井、崇圣祠、家庙;西路为祭祀孔子父母的启圣王殿、启圣王寝殿及金丝堂、乐器库。周围匝墙,配以角楼,苍松古柏,森然罗列,雕梁画栋,金碧辉煌。大成殿筑于巨型须弥座石台基上,面阔九间,重脊歇山顶,斗拱交错,黄瓦朱甍,巍峨秀丽,俨然皇家宫殿气象。

孔府旧称衍圣公府,西与孔庙毗邻,为历代衍圣公的官署和私邸,虽历朝江山可以易主,但孔子的嫡裔一直受各朝统治者的优渥,衍圣公之职代代相传,世袭罔替,在明代时甚至列为正一品大员,居文臣之首。孔府院落亦九进三路。东路为家庙,有抱本堂、桃庙、新祠堂、一贯堂、慕恩堂以及接待朝廷钦差大臣的兰堂、九如堂、御书堂;西路有红萼轩、忠恕堂、安怀堂,为衍圣公的读书和学诗、学礼、燕居、吟咏之所;中路前为官衙,后为住宅,住宅后为孔府花园。

孔林亦称至圣林,为孔子及其后裔和族人的墓葬地,其规模气势,可与皇家陵寝相匹。

在儒学文化中,孔子作为文圣,具有至高无上的文化权威,而关羽则被称作武圣,不仅以勇武,更以忠义为后世奉为典范。而他的精神文脉,便在关庙中得以传承不衰。关庙的建筑也遍及全国,甚至在明清时扩展到各地的商业会馆建筑中,而尤以山西运城关羽故里的解州关帝庙为关庙、武庙之祖。创建于隋代,历代都有重修和扩展,平面布局分南北两部分,南部为结义园、曲牌坊、君子亭、三义阁,北部为正庙,分前后两院。前院以端门、雉门、午门、御书楼、崇宁殿为中轴,两侧配以石木坊、钟鼓楼、崇圣寺、胡公祠、碑亭;后院以"气肃千秋"牌坊为屏障,春秋楼为中心,刀楼、印楼为两翼,气势雄伟。两院自成格局,但又是一个统一的空间,其间有廊屋百余间护围,形成左右对峙又以中轴线为主体的布局风格。单体建筑尤以春秋楼和崇宁殿最见匠心。春秋楼二层三滴水,歇山顶,面阔七间,进深六间,上下两层皆施围廊,勾栏相连,檐下木雕精细剔透,楼顶彩色琉璃光泽辉耀。楼身结构因上层回廊的廊柱矗立在下层的垂莲柱上,垂柱悬空,内设搭牵挑承,所以外观上给人以楼阁悬空之感。登楼远眺,庙外山水风烟,苍茫无尽,俯身而观,庙内古柏参天,藤蔓满树。

崇宁殿是祀奉关羽的主殿,重檐歇山顶,亦面阔七间,进深六间。殿前月台宽敞,殿周石雕盘龙柱二十六根,屋顶脊饰瓦件全为琉璃,檐下额枋斗拱密致,雕刻繁缛。殿内木雕神龛玲珑精致,内塑帝王装关羽坐像。解州关帝庙的建筑规模虽比曲阜孔庙要小得多,但在营造方式方面却与孔庙一样,享有皇家宫殿建筑的最高规格。而相比于皇家宫殿的封闭性,孔庙、关庙,尤其是遍布全国各地的孔庙、关庙,对社会大众完全开放,它们不仅是岁时奉祀的场所,更被作为各地风俗活动的中心。所以,如果说宫殿建筑更具有国家政权形象标志的象征意义,那么孔庙、关庙建筑更具有民族文化形象标志的传承意义。

五、名胜建筑和牌坊祠堂

名胜建筑是各地方的文化传承标志,而牌坊、祠堂建筑则是单体家庭中一些名门显族的香火传承标志,它们与宫殿、孔庙、关庙一样,体现了用建筑的艺术形式凝聚中华文脉的号召力,有如中华文明航海进程中大大小小的导航灯,每当遇到艰难迷茫的时刻,提醒了它的方向而避免了触礁的风险。

名胜之所以得名,或以人文景观,即所谓"人杰地灵",或以自然景观,即所谓"物华天宝"。人文景观代有凋谢，有了相应的建筑，它就千秋不灭；自然景观虽万古永恒，有了相应的建筑，它就更得以人文的提醒。

所谓人文景观，主要指各地在中华文明的发展史中所涌现出来的作出过杰出贡献的人物，后人为了纪念他们，便为之修建相应的建筑以为标志。如湖北秭归的屈原祠以及湖南汨罗的屈子祠，都是纪念伟大的爱国诗人屈原的；四川成都的武侯祠，是纪念鞠躬尽瘁、死而后已的诸葛亮的；杜甫草堂，是纪念诗圣杜甫的；三苏祠是纪念苏洵、苏轼、苏辙父子的；浙江杭州的岳庙，是纪念精忠报国的抗金名将岳飞的；浙江余姚的王阳明故居和阳明书院，是纪念明代思想家王阳明的；山东临沂的王羲之故居和浙江绍兴的兰亭，都是纪念书圣王羲之的；等等。这类建筑，在营造的制度方面更加自由灵活，作为岁时祭祀的场所，并不是它们主要的功能，更多的倒是作为大众游览的公共空间。因此，尽管建筑物的形制体量比较简朴，但通过强大的文脉氛围在潜移默化中深入人心，使民族文化的香火得以代代传承。而历代至今的各地方政府，对于类似文化资源的高度重视，也正反映了中华民族文化持续、和谐发展的优良传统，它们既是地方的"面子"和形象工程，更是民族文明的传承标志。

所谓自然景观，有别于西方的认识。在西方的观念中，自然景观更多的是指一些绝去人迹的大山、大水、大草原、大森林、大峡谷等等，它们主要是游览、探险的对象。而在中国的观念中，更多的是指一些适合人居并有人文意义的青山秀水。在这样的地方修造标志性的建筑，不仅提醒了自然景观的精神，更使得人们与自然取得了一种亲和的关系。同时，这些标志性的建筑本身既以人文景观的身份融入自然景观之中，当它吸引了游人，更多的人文内容也被不断地充实到建筑之中。

湖北武汉的黄鹤楼在长江边上，三国吴创建后，后世屡毁屡起，式样不一，或重檐舒翼，或楼台环廊，或独楼三层，历代诗人多有题咏，尤以唐崔颢的《黄鹤楼》诗"昔人已乘黄鹤去，此地空余黄鹤楼。黄鹤一去不复返,白云千载空悠悠。晴川历历汉阳树,芳草萋萋鹦鹉洲。日暮乡关何处是,烟波江上使人愁"最能得其形胜。

湖南岳阳楼位于洞庭湖畔,始建于三国,原为吴将鲁肃训练水师的阅兵台,到唐代重修为楼,有"洞庭天下水,岳阳天下楼"的盛誉。北宋时滕子京谪守巴陵时重修,并请范仲淹撰《岳阳楼记》,名声益大,"先天下之忧而忧,后天下之乐而乐"的名句千古传诵,足以见证一座建筑可以成为一个文脉传承标志的传统文化艺术精神。现存主楼,重檐盔顶,纯木结构,四环明廊,衔山吞江,横无际涯,朝辉夕阴,气象万千,尽纳楼中人的眼底心田。

此外还有云南昆明的大观楼、浙江杭州的楼外楼等等,无不标举了当地的自然景观,并成功地把人文景观注入其中,使自然、人文相为映发,历千百年而生生不息。

牌坊是一种门洞式的纪念性建筑物,一般用土、木、砖、石等材料建成,上刻题字图案,完全是文化性的标志,没有实用的居住价值。牌坊本来多建于庙宇、陵墓、衙署前面,私家的牌坊则因家族中的某人或因功德或因贞节受到朝廷的褒奖奉敕而建,根据功德、贞节的不同而各有不同的等级规格,并不是随便可以建造。所以,当某一家族中有人有幸获得这方面的皇恩优渥,自然感恩戴德,通过牌坊的建树达到所谓光宗耀祖,不仅可以荣耀乡里,光大门第,更可以借此昭示子孙后世,延续家族的文脉香火。如安徽歙县城内的许国牌坊,四面八柱,南北长 11.5 米,东西宽近 7米,高 11.4 米,通体以青石而仿木构,用料宏大厚实,气势雄伟壮丽。而柱、坊等部位都雕有精致的图案,尤以石狮六对,形态威猛,精神焕发。许国为歙县人,进士,历仕嘉靖、隆庆、万历三朝。以万历年间云南平夷有功,晋太子太保、武英殿大学士,并奉敕立此坊,故上镌"恩荣""先学后臣""上台元老"等字样,备极荣耀。

俗话说:"国有国法,家有家规。"宫殿建筑,是国家议事并行施国家权力的地方,祠堂则是家族议事并行施家族权力的场所。广义的祠堂是指祭祀先贤和祖宗的庙堂。前者带有国家和社会的性质,所以建筑的规模比较大,规格也比较高;后者属于家族的性质,而根据不同家族的不同实力,建筑规模的大小和规格的高低各有不同,但其功能除岁时奉祀、祭奠并缅怀祖先之外,更多出了家族议事决断的内容。家祠又称家庙,对外围墙封闭,内部设有供奉祖宗牌位、画像的享堂和族长召集族人议事的议事厅,族长坐于厅中,族人则聚于厅前空旷的天井中。通过这样的活动,凝聚家族的人心,传承发扬家族的文脉。

祠堂的建筑,可以追溯到汉武帝时期。最早为墓祠,主要为家族祭祀祖先而建,多为木结构,后来演变为石祠。现存较完整的有山东长清的孝堂山郭巨祠和山东嘉祥的武梁祠,均建于东汉时期。郭巨为历史上著名的孝子,家贫,为减轻家庭生活负担奉养父母,至有埋儿之举,虽在今天看来有失人道,但在当时被视作至孝,去世后家族立祠于墓前,为单檐悬山顶两间。室内雕刻有精美画像,内容有王者出巡、王侯受礼、出行进贡、庖厨迎宾、伏羲女娲、战争狩猎以及历史故事,形象地刻画了国、家、忠、孝一体化的文脉传承。武梁祠为武梁、武荣、武班、武开明四祠及石阙的总称,武氏数人分别做过"从事""郡丞""长史"等官职,去世后子孙立祠于其墓前以显家族的荣耀。画像石刻的内容有帝王、孝子、列女、刺客列传,包括神话传说、历史故事、现实生活等,同样是把尽孝于家与尽忠于国一体看待。

及至后世的祠堂,更多的不再是墓祠,而是家祠、宗祠,从而与现实的生活取得了更直接的联系。但建筑装饰的石雕、砖雕、木雕图案,内容上仍多忠、孝、节、义的故事,反映了每一个家庭、家族香火的延续,总是与整个中华文脉的传承息息相关、不可或分。今天还保存完好的浙江东阳卢宅古建筑群,系雅溪卢氏六百年聚居之处,传为西周姜太公后裔,诗礼传家,科举绵延,自明永乐至清中叶,代有显宦重臣,广起宅第,占地五百余亩。整个村落以卢氏宗祠为中心,复荆堂、肃雍堂、树德堂三大宗支建筑呈拱月之势,四十余处园林、书院与二十五座牌坊点缀其间。尤以工字形平面的大厅肃雍堂为中心,主轴线前后九进,纵深 320 米,享堂供奉祖宗牌位和画像,明朝的重臣和清朝的显宦,济济一堂,作为文脉的表率,并为后世子孙的楷模,而不因政治上的变更有所忌讳。建筑构件上有忠孝节义的人物、花卉木雕、砖雕、彩绘,精美典雅,集儒家礼乐文化之大成,汇传统建筑、工艺于一体,所谓"非闾里之荣,乃邦家之光",被称为国内现存民居祠堂之最。

六、书画与古建筑

中国的建筑既于"以避风雨"的实用价值之外,更具有"取诸大壮"的形象工程和文脉传承的意义,而文脉的传承,又与既是阅读文本又是视觉图像的书法艺术不可或分。所以,书画艺术在古建筑中的运用也就十分普通,这在世界建筑史上是一个绝无仅有的文化现象。

所有的古代建筑,从宫殿到孔庙、关庙,从名胜建筑到牌坊、祠堂,包括陵寝建筑、宗教建筑、园林建筑乃至民居建筑,墙外和墙内,室外和室内,匾额、楹联、碑刻、壁画等等,琳琅满目,移步换景,随处可见。这些书画作品,不仅仅是出于装潢设计的需要,更是出于文脉传承的需要。尤其是建筑中那些优秀的书法作品,以其精练的文辞、精湛的书艺,对于一座建筑物具有点睛的作用,有如绘画作品上的题跋。有的建筑物,还因为书法而更加提升了它的知名度。如云南昆明的大观楼,正是因为著名的"大观楼长联"而举世闻名。联刻在大观楼前的门柱上,清孙髯于乾隆年间所撰,陆树堂以行草书成。咸丰年间毁于兵火,现存长联系光绪年间由云南总督岑毓英托赵藩工笔楷书后木刻制成,蓝底金字,熠熠生辉。由于此联以一百八十字囊括了五百里滇池、数千年往事的自然、人文景观,洋洋大观,所以被誉为"古今长联第一""海内长联第一",并感召着后人为它续写更长的辉煌。

正因为书法艺术与古建筑的这一层关系,使得书法艺术一直被作为古建筑营造工程中的重要内容,并因此而产生了不少书法史上的经典之作。如欧阳询的《九成宫醴泉铭》、唐太宗的《晋祠铭》、虞世南的《夫子庙堂碑》、颜真卿的《颜家庙碑》等等。《夫子庙堂碑》又称《孔子庙堂碑》,系唐初为记高祖立孔德伦为褒圣侯并新修孔庙事而立,虞世南书,书法俊朗圆腴,端雅静穆,与欧阳询《九成宫醴泉铭》、褚遂良《圣教序》并称"初唐三大碑",为后世奉为唐楷典范。《颜家庙碑》又称《颜氏家庙碑》,为记修建颜氏家祠而立,颜真卿撰并书,结体庄密,笔力雄健,与《大字麻姑仙坛记》并为颜真卿后期楷书的代表作。

至于壁画,作为古代建筑中的装饰,自上古至唐相沿不衰。早期中国绘画史上的经典作品,包括已经伴随着建筑物而湮灭的和迄今还有保存留传的,如《云台二十八将图》《凌烟阁功臣图》和敦煌莫高窟壁画等等,无不是建筑物的壁画。直到宋代以后,壁画包括碑刻在建筑物中的应用才渐次被卷轴形制的书画所取代。但在一些宗教建筑如元代的永乐宫、明代的法海寺等建筑中仍有它们的位置,为建筑增光添彩。

02 第二讲
取诸大壮

据《易·系辞下》记载:"上古穴居而野处,后世圣人易之以宫室,上栋下宇,以待风雨,盖取诸大壮。"这里所说的"圣人"即帝王,而"大壮"的卦象上震下乾,孔颖达以为:"壮者,强盛之名,以阳称大阳,长既多,是大者盛壮,故曰大壮。"可见帝王的宫室建筑"上栋下宇",不仅仅是为了"以待风雨"的日常生活居处所需,更是为了用以"取诸大壮"的象征比附意义。所以,自三代以后,历代帝王登基后都要大兴土木,建设都城,而重点则在大内宫殿的营造,以象征他们的统治具有至高无上的权威和长治久安的实力基础。这样,宫殿建筑便成了中国古典建筑艺术的最高典范,足以代表每一个时代建筑的最高水平。

一、中国宫殿建筑的发生和发展

现知最早的宫殿建筑遗址,是河南偃师二里头商代宫殿的遗址。此处当时是商汤建都的西亳所在,遗址为一座残高 80 厘米的夯土台,东西约 108 米,南北约 100 米。夯土台上有八开间的殿堂一座,周围回廊环绕,南面辟门,面积约 350 平方米,柱径 40 厘米,柱列整齐,前后左右相互对应,故而开间统一,井然有序。商代中期的宫殿遗址,则有郑州商城和湖北黄陂县盘龙城两处,也是在夯土台基上立殿堂,但规模较小。

商朝晚期迁都于殷,纣王恣意奢侈,淫乐无度,宫室营造穷极华丽,劳民伤财。迄今在河南安阳小屯村殷墟发现的宫殿遗址有数十处。遗址总范围约 24 平方千米,宫殿区、居民区、墓葬区互有区分,但无严格的规划界限。宫殿区东面、北面临洹水,西南有壕沟作防御,大体分为北、中、南三区。北区有基址十五处,大体作东西向平行布置,推测是帝王居住区;中区基址作庭院式布置,轴线上有门址三进,最后有一座中心建筑,推测是朝廷、宗庙部分,与北区形成前朝后寝的制度;南区规模较小,推测是王室的祭祀场所。

如上所述,早期的宫殿建筑,实物遗存仅为夯土基址,只能借以获知其平面的规划,至于立面的形制,就只能从文献记载中去加以领略了。如史载夏桀、商纣修建王宫瑶台,饰以金玉珠宝,辅以酒池、肉山,尧舜俭德已荡然无存。据《考工记·匠人》记载:"夏后氏世室,堂修二七,广四修一,五室,三四步,四三尺,九阶,四旁两夹,窗,白盛,门堂三之二,室三之一。殷人重屋,堂修七寻,堂崇三尺,四阿重屋。"这里所说夏的"世室"、殷的"重屋",虽名称不同,但都是指施行政事的宫殿。"修"的意思是宫室的口,"广"的意思是宽度,"步"是测量的单位,以六尺为一步。由此可见,当时国家政治中心执行政令的宫殿主体建筑为五栋,呈中心一栋、四角四栋的金刚宝座式排列,以至于窗、壁、屋顶的形状,都已开周代明堂的先声。

西周早期,在陕西岐山一带建立都邑,今天亦有宫殿的遗址发现。如凤雏的西周宫室遗址,已明显为对称布局,由两进院落组成,中轴线上依次为影壁、大门、前堂、后室,前堂与后室之间用廊联结,呈"工"字形平面,门、堂、室的两侧为通长的厢房,将庭院围成封闭空间,两进院落四周有檐廊环绕,虽规模不大,却是迄今所知最早的四合院实例。而房屋基址下设有排水陶管和卵石叠筑的暗沟,屋顶用瓦和半瓦当,更可见实用功能的日趋合理。后来周文王都丰,武王都镐,均在今长安之南,各有宫室的营造,惜乎遗迹无存。但从文献记载可知当时的宫室建筑制度更加明确,等级秩序更为森严,其中有皋门、外朝、库门、王府、内府、宗庙、天齐、社稷、雉门、应门、治朝、路门、燕朝、六寝、六宫配列而建,即所谓"天子五门,皋、库、雉、应、路;诸侯三门,皋、应、路",已经自觉地认识到中庭与外廊以及建筑物与门之间的关系。《考工记》关于寝宫的记载,说是"内有九室,九嫔居之,外有九室,九乡朝焉,九分其国以为九,九乡治之",说明门内门外的房屋均按等级秩序整齐地排列着,如群臣之朝天子。又据任启运《宫室考》论周的宫室:"天子殷屋,四注四雷,诸侯三注三雷;大夫夏屋,二注二雷,士二注一雷。""注"即屋顶的坡面,"雷"即檐,说明当时天子、诸侯的宫室造型沿自殷商"四阿重屋"的豪华风格,而大夫、士的屋室造型则仿照夏代比较简陋的风格。《诗经》中关于"如跂斯翼,如矢斯棘,如鸟斯革,如翚斯飞"的赞叹,虽仅是形容周代宫室建筑屋顶的动人姿态,但由于屋顶在中国古代建筑空间的六面中是最具有象征意义和艺术生命的,因此当它与平面布局和立面构成达到完美的契合时,也就为宫殿建筑的审美功能添加了画龙点睛之笔。试将后世宫殿建筑的体制与《周礼》《诗经》相比照,可以认为,中国古代宫殿建筑经过夏、商的草创,至西周已基本定型。

在此,对于西周宫室中两个重要的建筑内容有必要加以专门的说明:一个是明堂,一个是辟雍。所谓"明堂",是为宣明政教而建的殿堂。相传周公令诸侯朝于明堂,其制"度九尺之筵,东西九筵,广八丈一尺也;南北七筵,深六丈三尺也,堂崇一筵,其基高九尺也,堂上有五室,亦象五行,与夏制同,每室二筵,则深皆一丈八尺也"。可见其形制沿自夏、商的金刚宝座式,而规模有所扩大。明堂的制度,自古以来备受重视,历代统治者营造宫室,都曾专门组织学者进行研究、讨论、构思。"辟雍"即天子讲书的场所,诸侯的则称为泮宫。《三辅黄图》中说周文王的辟雍在长安西北四十里,亦作壁雍,"如壁之圆,雍之以水,像教化流行也"。其方法是筑造基坛作为建筑物周围的基座,周围以流水环绕,至后世演变成为孔庙建筑的样式,一直传至清代。

春秋时期,礼乐崩坏,周室式微,各诸侯国出于政治、军事统治和生活享乐的需要,宫室的营造亦超出了礼制的规范,日渐侈华。一般是在都城内夯筑数米、数十米高的土台,上建殿堂屋宇,如山西侯马晋故都新田遗址中的夯土台,纵横各 75 米,高 7 米。建筑装饰和彩画也更加浓丽,如《论语》记斗上画山、梁上短柱画藻文的"山节藻棁",《左传》记鲁庄公的"丹楹刻桷"等等。吴王筑姑苏台,宫中作海灵馆及馆娃阁,铜钩玉槛,宫之楹槛珠玉饰之;《史记》记西戎王使由余观秦,穆公示以宫室积聚,由余叹曰:"使鬼为之,则劳神矣! 使人为之,亦苦民矣!"嗣后战国七雄,无不"高台榭,美宫室",如山东临淄齐故都遗址发现夯土台高达 14 米,推测为齐宫基址;河北易县的燕下都遗址发现大小夯土台五十余处,为宫室和陵墓所在;邯郸赵王城遗址发现夯土台十余座,应为赵王宫室基址。陕西咸阳市东郊则发现一座纵 60 米、横 45 米的夯土台,高 6 米,为秦咸阳宫殿之一,台上建筑物由殿堂、过厅、居室、浴室、回廊、仓库、地窖组成,高下错落,复杂而又有序,令人缅想它的壮观伟岸。其中殿堂为两层,寝室、居室、浴室中有火坑、壁炉用以取暖;地窖深 13—17 米,用以冷藏食物;排水系统则用陶质的漏斗和管道。总体以夯土为中心,周围用空间较小的木架建筑环包,上下层叠两三层,形成一组复杂的建筑群,显示了当时在木架结构不发达的条件下建造大体量宫殿建筑所达到的技术水平。

秦始皇统一六国以后,以孝公时的咸阳宫廷为核心加以扩大增益,而且仿造各诸侯宫室,筑于咸阳北阪上,遂使殿屋复道,周阁相属。大抵自北陵营建宫殿,端门四达以制紫宫而象帝居,引渭水而灌都以象天汉,东西八百里,南北四百里,离宫别馆相连相望,木衣绨绣,土被朱紫,终日笙歌不断,极尽奢华。但如此还不足以满足其好大喜功的心理,公元前 212 年,又因咸阳人多而宫廷狭小,又在渭南上林苑中别营朝宫。先作前殿阿房宫,东西五百步,南北五十丈,上可以坐万人,下可以建五丈旗,以木兰为梁,磁石为门,周驰为阁道,自殿直抵南山,表南山之巅以为阙,另建复道,自阿房宫渡渭水直达咸阳宫。阿房宫的营造与骊山陵墓同步进行,共发刑徒七十余万人为之,至始皇去世仍未完成,二世继之。这样,十数年间,秦于关中建宫三百处,关外四百余所,仅咸阳旁二百里内外,即有宫殿二百七十所,以复道、甬道相连,设以锦绣帷帐,陈以钟鼓美人,奢侈华赡,无以复加。这一庞大的宫室营造工程,因秦的暴虐,二世而亡,未及竣工,至汉王二年(前205),项羽引兵西屠咸阳,付之一炬,火三月而不灭。秦之暴政,固然不容于天下,可惜周秦数世纪以来建筑艺术的精华,竟无辜而灰飞烟灭,实为建筑史上的一大浩劫!而唐代杜牧的《阿房宫赋》所形容的"五步一楼,十步一阁,廊腰缦回,檐牙高啄,各抱地势,勾心斗角,盘盘焉,囷囷焉,蜂房水涡,矗不知其几千万落,长桥卧波,未云何龙,复道行空,不霁何虹,高低冥迷,不知西东",虽以诗人的想象,看来还是未能尽其壮观之万一了。

汉高祖起初建都于洛阳,后采纳张良长安地利优于洛阳的建议,于公元前202年迁都长安以为永久之计。宫殿本为秦之离宫,因狭小加以扩充,由萧何进行统筹规划,梧齐侯阳城延总体施工。先修长乐宫,嗣据龙首山势筑未央宫。惠文景之世,少有增建。至武帝时,国库殷实,国力强盛,物质供应与技术工艺互相推动,于是大兴宫殿,广辟苑囿,在长安城内外,修北宫,造桂宫,起明光宫,筑建章宫,此外还有长信宫等,一时离宫别馆,遍于京畿。当时所称宫者,多由成群之殿及其他台榭廊阁簇拥而成,整体之外,绕以宫垣,四面辟门,门外或有阙,所以各宫是各自独立的。宫垣之内,除前朝后寝的殿舍外,尚有池沼楼台林苑游观部分,宫殿与苑囿合二为一,有别于后世,尤其是清代的一分为二。诸殿均基台崇伟,直承三代遗规,更因山冈之势,居高临下,上起殿堂,互相连属,益增嵯峨。苑囿则仿海上三山,游乐豫悦之外,欲近神仙。综观汉代宫殿建筑,撇开苑囿不论,其繁复之布置,伟岸之外观,所达到的高度标准,实可与秦前后辉映;但其结构原则,仍以殿为单位,不因台榭相接而增烦难。诸宫中,其规模尤大、史籍文献记载较详者,为长乐、未央、建章三宫。

长乐宫是以秦的兴乐宫为基础加以修缮而成的。宫周围二十里,在长安城内东南部。其前殿东西四十九丈七尺,两序中三十五丈,深十二丈,除去两序,其修广略如清宫太和殿。宫内另有临华殿、温室殿以及信宫、长秋、永寿、永宁等宫殿,还有鸿台、酒池等,秦阿房宫前的铜人十二,也被移到此宫前。宫成,适当叔孙通习仪成,诸侯群臣朝会,高祖叹曰:"吾乃今日方知为皇帝之贵也。"可见宫殿建筑对于统治者权威的特殊烘托作用,是其他建筑所无法代替的。

未央宫是汉代新创的第一宫。据《汉书·高帝纪》记载,七年(前200),萧何治未央宫成,上见其壮丽,甚怒,萧何对曰:"天子以四海为家,非令壮丽亡以重威,且亡令后世有以加也。"上悦,自栎阳徙居。宫周围二十八里,在长安城之西南部。其中共有台殿四十三座,门闼九十五座,无不辉煌灿烂;另有苑囿,计十三池、六山,极神仙缥缈之思。前殿东西五十丈,深十五丈,高三十五丈,疏龙首山为殿台,不假板筑,高出长安城。中央用于大朝,两侧用于常朝,和周制三朝纵列的方式不同,而开魏晋南北朝通行的以太极殿为大朝正殿,殿侧建东西堂为常朝及宴居所用的东西堂制之先声。其建筑装饰极尽华丽,据《三辅黄图》《西都赋》等记载,金辅玉户,华榱壁趟,雕楹玉碣,重轩镂槛,青琐丹墀,重轩三阶,闺房周通,列钟鼓于中庭,列金人于端闱,极壮丽之能事。另有宣室殿在前殿之北,为帝王之正寝,又称"布政教之室";温室殿设火齐屏风,冬居如春;清凉殿贮冰霜水晶,夏居如秋;天禄阁以藏秘书,石渠阁以藏图籍,承明殿为著述之所,金马门为宦者之署,麒麟阁为图画功臣像之处等等,不一而足。后宫分为八区,椒房殿为皇后所居,昭阳舍为昭仪所设,率皆富贵绮丽,饰以黄金之钮,蓝田之璧,明珠翠羽,芬芳细靡。游观建筑则有柏梁台,高二十丈,用香柏为殿梁,香闻数十里;又有仓池,中有渐台,高十丈。

建章宫建于太初元年(前104),当时因柏梁殿遭火灾烧毁,勇之向武帝进言:"越俗,有火灾复起屋必以大,用胜服之。"建章宫于是开始营建,位于未央宫之西、长安门外。未央宫的西面跨城池而建飞阁,通于建章宫,上下构筑辇道。建章宫周围二十余里,宫南面正门曰阊阖,玉堂璧门三层,台高三十五丈;玉堂内殿十二门,阶陛皆以玉为之;铸铜凤,高五尺,饰黄金,栖屋上下有转枢,向风若翔;楼屋上椽首皆薄以璧玉;门内列凤阙及宫之东阙,均高二十五丈,饰以铜凤;门右有神明台,高五十丈,上有九室,其上又有承露盘,高二十丈,大七围,有铜仙人舒掌捧盘承露,武帝造此以求仙道;又有井干楼与神明台对峙,亦高五十丈,结重栾以相承,累层构而远济,可知是一极复杂的木构建筑。建章宫前殿形体高大,登殿可以俯视未央宫,其西则为广中殿,可容纳万人。此外尚有虎圈、狮子园、太液池、广中池、淋池、渐台、蓬莱、方丈等,众多的殿阁楼台、池沼苑囿,无不规模长乐、未央宫而加以发展,故论者推为西汉宫苑第一。除建章宫外,武帝并于长安城外三百里的淳化甘泉山扩建秦的甘泉前殿为甘泉宫,周围十九里,亦多宫殿台阁,每年五月至此避暑,八月还都。中国上古的宫殿建筑营造工程,继秦始皇之后,至汉武帝又掀起了一个高潮。

逮至王莽篡汉,取诸汉宫之材瓦以起九庙,但破坏并不算严重;王莽败绩,未央宫被焚,其余宫馆仍得以幸存;至建武二年(26),赤眉军攻陷长安,将汉宫焚毁殆尽,是为中国建筑史上继项羽焚秦宫之后的又一大劫。光武之世,虽屡次修葺,终究难复旧观,于是宫殿建筑的王气,不得不归于东都洛阳。

东汉洛阳的宫殿建筑分南北两宫,以阁道相通,据史籍记载,以北宫正殿德阳殿最为详尽。殿南北七丈,东西三十七丈四尺,周旋容万人,陛高二丈,皆文石作坛,激沼水于殿下,画屋朱梁,玉阶金柱,刻镂繁缛,厕以翡翠,一柱一带韬以赤练,于宫外四十三里处的偃师远望朱雀五阙,德阳其上,巍峨与天相接。但其座基高仅4.5米,其实际的规模气魄,显然是难与西汉长安宫阙相提并论了。至初平元年(190),董卓变乱,山阳西迁,尽焚洛阳宫庙及人家,火三日而不灭,京都遂成废墟。

魏晋南北朝三百六十余年间,战乱频仍,政权更迭,土木之功,虽不时营建,但规模已无法与两汉相比拟。尤其是宫殿建筑,更需要具备雄厚的国力、安定的政局。在这一时期,比较重要的宫殿建筑活动有曹操在邺城所治的铜雀台、金凤台、冰井台,各高十数丈,屋一百数十间,阁道相通,崇举若山,犹承汉宫遗风,可见其僭侈之野心。至魏文帝受汉禅,营洛阳宫,初居北宫,以建始殿朝群臣;明帝起昭阳太极殿,筑总章观,又治许昌宫,起福景承光殿,为三国时宫殿营造工程之最。晋初承魏,宫殿少有损益;晋室南迁,更为俭陋。成帝时苏硕攻台城,焚太极殿,东堂秘阁殆尽,乃以建平园为宫,翌年始造新宫,缮苑城,孝武帝改作新宫,用内外军人六千营筑。太极殿高八丈、长二十七丈、广十丈,立精舍于殿内,引诸沙门以居之,无复王者气象。此外如石勒于襄国(今河北邢台)拟洛阳之太极殿起造建德殿、立桑梓苑,造明堂、辟雍、灵台于城西,又令少府任汪等监营邺(今河南临漳)宫,石勒亲授规模。至石虎自立,又于邺城起台观四十余所,仿洛阳、长安宫室,发四十余万人筑之;所筑凤阳门高二十五丈,上六层,反宇向阳,距邺城七八里可遥望之。又于襄国起太武殿,基高二丈八尺,以文石碎之,下穿伏室,置卫士五百人于其中,漆瓦金踏,银楹金柱,珠帘玉璧,穷极伎巧;其窗户宛转,画作云气,拟秦之阿房、鲁之灵光,以五色编蒲心荐席,悬大绶于梁柱,系玉璧于绶。金华殿后为皇后的浴室,三门徘徊反宇,能隐形,雕采刻镂灿丽,沟水注浴池,上作石室,临池置石床,布置介于现代浴室与室内游泳池之间。石虎又崇饰三台,甚于魏晋,铜爵台上起五层楼阁,去地三百七十尺,楼巅高一丈五尺,舒翼飞檐;南则金凤台,北则冰井台;三台相面,各有正殿并殿屋百余间,相去各六十步,上作阁道如浮桥,连之以金屈戌,画以云气龙虎之势,施则三台相通,废则中央悬绝,于建筑中施以机械设备,虽技术胜于前代,但气魄却谈不上伟岸了。石氏僭据仅三十余年,宫室营之侈,冠于当世。

南朝宋、齐、梁、陈均都于建康,宋武帝尚俭约,因晋之旧,无所改作。文帝新作东宫。孝武帝稍事奢广,更造正光、玉烛、紫极诸殿,雕栾绮节,珠窗网户；又起明堂于国学南；为先蚕设兆域，置大殿七间；辟驰道，自阊阖至于朱雀门，又自承明至玄武门；置凌室于覆舟山，修藏冰之礼。齐代宫苑之侈，以东昏侯为最，永元三年（501），后宫失火，烧毁墙仪、曜灵等十余殿及柏寝，北至华林，西至秘阁，三千余间皆尽，于是大起诸殿，又为潘妃营造神仙、永寿、玉寿三殿，皆饰以金璧，窗间画绘神仙，橡桷之端，悉垂铃巩，《南史·齐本纪》谓："造殿未施梁桷，便于地画之，唯须宏丽，不知精密，又凿金为莲花以贴地，涂壁皆以麝香，锦幔珠帘，穷极绮丽……剔取诸寺佛刹殿藻井仙人骑兽以充足之，又以阅武堂为芳乐苑，山石皆涂以彩色，跨池水立紫阁诸楼。"梁时武帝作东宫，立神龙仁兽阙于端门大司马门外，宫城门三重楼；又作太极殿十三间，太庙增基九尺。普通二年（521）琬琰殿失火，延烧后宫屋室三千间，但已无力恢复重建了。陈武帝以侯景之平，太极殿被焚，乃加以重建；天嘉中（560—565）更盛修宫室，起显德等五殿，颇为壮丽；后主至德二年（584），于光熙殿前营造临春、结绮、望仙三阁，各高数十丈，并数十间，窗牖壁带悬楣栏槛之类，皆以沉檀香为之，饰以金玉，间以珠翠，外施珠帘，内设宝帐宝床，每微风暂至，香闻数里。

拓跋魏的宫室营造，至道武帝迁都平城（今山西大同），始有正规的规模；太武帝截平城之西为宫城，四角起楼立墙，门不施屋，城又无堑，所居云母等三殿，皆立重屋，殿西铠仗库，殿北布绢库，各数十间；太子宫在城东，四门瓦屋，四角起楼；妃妾皆住土屋，都是比较简陋的，一种粗豪淳朴之风，迥非中华威仪。但正殿稍事雕饰，施流苏、金博山、龙凤，朱漆画屏风，织成幄坐，施氍毹褥，前设金香炉；琉璃钵、金碗。孝文帝倾心汉族文化，于太和十九年（495）建成金墉宫，六宫及文武尽迁洛阳，魏之宫观遂脱去胡俗；宣武帝景明中（500—503）进而大兴土木，发畿内民夫五万五千人筑京师三百二十三坊，又营造明堂、圆丘、太庙，修缮国学、苑囿。

魏分东、西后，东魏孝静帝迁邺，于天平二年（535）发众七万六千人营新宫，兴和元年（539）又发畿内民夫十万人，新宫始告竣工。齐既篡魏，复起宣光、建始、嘉福、仁寿、金华诸殿，又发匠丁三十余万人营三台，在其旧基上加以高博。至天保九年(558)三台成，改铜雀为金凤，金虎为圣应，冰井为崇光；武成帝施三台为佛寺；后主复增益宫苑，造偃武修文台，又于嫔嫱诸院中起镜殿、宝殿、玳瑁殿，丹青雕刻，妙极当时，于晋阳起大明殿，华丽逾于邺下。

西魏都长安，无所营缮。宇文周受禅，至武帝犹摒去奢华，宫殿之华绮者皆撤毁之，改为土阶数尺；但到了宣帝又极丽穷奢，以窦炽为京洛营作大监，宫苑制度，一变而为宏规巨模，《周书·本纪》称其"所居宫殿帏帐，皆饰以金玉珠宝，光华炫耀"；《樊叔略传》则以为"壮丽逾于汉魏远矣"。但这类以奢华绮丽为尚的宫殿，大都不足以表征国运长久的重威，反而成为亡国的先兆。

隋文帝以周长安故宫不足以建皇王之邑，乃诏高频、刘龙等于龙首山原创新都大兴城，城北营新宫大兴宫；又于岐州营仁寿宫，作避暑之用，两宫之间置行宫十二所。文帝性俭约，此外别无营建。至炀帝淫逸无度，于伊洛营建东京，都城周围七十三里一百五十步；宫城东西五里二百步，南北七里；宫殿以乾阳为正殿，基高九尺，从地至鸱尾高二百七十尺，十三间二十九架，三陛轩，柱大二十四围，倚井垂莲，仰之炫耀；大业殿规模小于乾阳，而雕绮过之；又有文成、武安殿，殿庭遍植珍木名花；别有元靖殿供经像、观文殿藏经史、妙楷台藏法书、宝绩台藏名画。东都之外，关洛之间乃至江都(今江苏扬州)，离宫别苑，秀丽标奇。

隋承北周，而北周以恢复周制为标榜，因此其宫殿体制一革汉魏以来东西堂的传统，改用三朝五门的格局。三朝即外朝——承天门、中朝——太极殿、内朝——两仪殿；五门(唐代改名)分别为承天门、太极门、朱明门、两仪门、甘露门。后世自唐至明清，宫殿建筑的布局均以此为准则，相沿不移，足以体认中国封建统治定型化的等级礼仪秩序。

唐因隋旧，以大兴城为长安城，皇城宫室一如前置；而东都洛阳宫室,因太宗怒其崇丽,命令加以撤毁,至高宗始重加营建。时值贞观盛世,长安宫殿作为大唐威仪的象征,在隋故宫的基础上加以扩大,成为古代宫殿建筑的又一个高峰,堪与秦皇、汉武相比美,主要有太极、大明两宫。

太极宫在长安宫城中部,其地理形势足以控制全城,因大明宫在其东,故又称西内,而大明宫则称东内。正殿太极殿即隋之大兴殿,前庭建角楼以置钟鼓;左延明门之东有宏文馆,为隋观文殿之后身;以图画功臣传名后世的凌烟阁,则在宫城之西北部。宫城内别开山水池等用于游豫,建佛光寺则供养经像。

关于太极宫的内部布局,目前还没有完善的考古资料,据《唐六典》等推测,是强调中轴线对称的纵深构图,沿轴线进深前后安排三朝殿堂,即以正门承天门为外朝,"若元正、冬至,大陈设宴会;赦过宥罪,除旧布新;受迈出国之朝贺,四夷之宾客,则御承天门以听政"。由于是国之大典,非常隆重,所以场面很大,门前辟南北宽达 220 米、东西贯通皇城的宫前广场正用于此途。且门的造型作威壮的宫阙形式,也有助于烘托广场热烈的气氛。入承天门为太极门,再内为太极殿,称为中朝或常朝,用作朔望之日坐而视朝,规模虽略小,但气氛更为森严肃穆。殿后朱明门、两仪门,两仪殿在门内,称为内朝,是"常日听朝而视事"的地方,殿后又有甘露门、甘露殿,应是退朝后休息的地方。中轴各殿殿前庭院左右均有配殿。这种在中轴上布置多重殿庭,左右对称地加以挟持烘托,用纵横通路和廊庑连接起来,有高潮,有起伏,总体交织成很大一片空间的构图方式,是中国古代宫殿建筑的常用手法,所不同的只是规模、气魄的大小而已。

太极宫之东为东宫,西为掖庭宫,各以对称的布局形制对太极宫起到朝揖仪卫的作用。

大明宫建于太宗贞观八年(634),龙朔三年(663)高宗迁大明听政,遂取代太极宫成为主要的朝会场所。大明宫的营造,主要是因为太极宫地势较为卑湿,不便皇居,所以要在龙首原的东趾"北据高原,南望爽垲"之地别辟风水;同时,大明宫东、北、西三面,包括汉长安故城在内,都是禁苑,宫苑之间联系方便,也便于防卫;宫南墙正门丹凤三道,南出大街,与大雁塔相直对望,又具有最佳的城市环境艺术效果。

大明宫的遗址大部已经发掘,因此,结合文献,其面貌便显得十分清晰。宫城平面呈不规则长方形,自南端丹凤门北达太液池蓬莱山,为长达数里的中轴线。以太极宫为准则,在中轴线上排列有全宫的主要建筑外朝含元殿、中朝宣德殿、内朝紫宸殿,左右大体对称建昭训与光范、翔鸾与栖凤等门、殿。

含元殿是大明宫主殿,踞龙首原高处,高出平地 10 余米,前有 75 米长的龙尾道,距丹凤门则达 600 余米,有充分的前视空间,所以适于外朝。殿阔十一间,进深四间,面积近 2 000 平方米,与明清北京紫禁城太和殿相埒。殿为单层,重檐庑殿顶,左右外接东西向廊道,廊道两端再南折斜上,与建在高台上的翔鸾、栖凤两阁相连,阁作阙形,整组建筑呈倒凹字形。这一形制直接影响到五代洛阳的五凤楼、宋东京的宣德门和明清北京紫禁城的午门,阙和主体建筑从此相联而不再各自分立。

宣德殿庭院渐小,紫宸殿更小。倒是蓬莱池西邻接大明宫西垣的高地上所建之麟德殿,其规模之伟大,堪称中国古代宫殿建筑之最。根据遗址发掘和复原研究的方案,殿由四座堂宇前后紧密串联而成。前殿单层,中殿和后殿均为两层,最后一座"障日阁"亦单层。前、中、后三殿面阔各十一间 58 米。障日阁九间,前殿进深四间,中殿五间,后殿和障日阁各三间,总进深十七间 85 米。底层总面积达 5 000 平方米,约为北京故宫太和殿的三倍,加上中后殿的上层,总面积达 7 000 平方米。屋顶形制前中两殿为单檐庑殿顶,后殿和障日阁为单檐歇山顶。全殿建在层叠两层的大台座上,座高近 6 米,周砌面砖,边围雕栏。相当于中殿的位置上左右各置一方形高台,台上立单层方形东西亭,以弧形飞桥与中殿上层相通。相当于后殿的位置上左右各置一矩形高台,台上建单层歇山顶小殿,称郁仪楼、结邻楼,也以弧形飞桥与后殿上层相通。麟德殿是皇帝举行大型宴会的场所。大历三年(768)的一次宴请,共有神策军将士三千五百人参加;而邻近西垣,显然是为了便于大量人流的出入而不至于干扰大明宫主体的森严秩序。从建筑艺术的角度,虽整体规模巨大,但由于是以数座殿堂高低错落结合而成,每座殿堂的体量并不逾出正常的尺度,所以并不觉得笨重。东西的亭楼体量甚小,更显玲珑,衬托出主体建筑的壮丽多彩。该殿踞于高地,又以两层高起于众屋之上,东望蓬莱池苑景区,或由苑景区西望殿堂,壮美优美,互为对景,相得益彰。

唐玄宗开元盛世,在宫殿建筑方面又有所贡献,主要是改造皇城东南的藩邸为兴庆宫。正殿兴庆殿,为玄宗听政之所;西南部有勤政务本之楼、花萼相辉之楼,则供作处理政事、游娱消遣之用。但论规模气派,是不足与太极、大明两宫论轩轾的。

东京洛阳宫殿的营建,太宗毁之在前,高宗复之在后,至武则天临朝乃臻于隆盛。原先,高宗敕司农田仁佐因隋故宫遗址修复乾元殿,东西三百四十五尺,南北一百七十六尺,高一百二十尺;武则天时毁之,另于其地作明堂,是一座更为巍峨、雄伟的建筑。明堂是三代时一种合宫殿与祭祀功能于一体的建筑形制,夏称世室,商称重屋,周称明堂,大体上左祖右社、面朝后市(寝)。但自汉代以来,对它的形制和含义逐渐模糊不清,直到唐代聚讼千载,莫衷一是。武则天不听群言,只与北门学士议其制,以正殿规格建造明堂,凡役数万人,以僧怀义为监使,不到一年便告竣工。据《旧唐书·武后本纪》记载,该明堂高二百九十四尺(约 86 米),方三百尺(约 88 米),三层:下层四面象征四季,各随方色;中层十二层象征十二时辰;上层圆形圆顶,九龙拥捧,有二十四柱象征二十四节气;顶上立铁凤,饰以黄金。明堂之北又起天堂,高五层,至三层即可俯视明堂。这两座建筑不久即遭火焚,随后又依旧制重建,更名为通天宫。至开元元年

(713)，玄宗以其"体式乖宜，违经紊乱"，下令拆去；后因主持者奏言毁拆劳人，乃仅拆上层，复旧名为乾元殿。

综观隋唐宫殿建筑，以国力的昌盛，洋溢出昂扬旺盛的创造活力，开创出辉煌灿烂的审美境界，不仅在宫殿建筑史上，即在整个中国建筑史上，也称得上是一个高度成熟、高度繁荣的黄金时代，即用"前不见古人，后不见来者"加以形容，亦无不当。从形制而论，广泛采用左、中、右三路拱卫对称的规整格局，中路层层进深顺序布置三朝，构成宏规巨模，成为后世宫殿建筑的模范方式，使宫殿建筑在体现帝王豪侈的物质生活居住需求的同时，更象征了一个王朝政治统治的等级秩序和精神追求。当时较少用琉璃瓦，即使高级殿堂，也以青棍瓦为主；墙面、构架用赤白两色，很少繁缛堆砌，作风明朗健壮，俨然盛世气象，更为前后世所不能比拟。

五代乱离，中原建设力弱而破坏甚烈。先是朱梁代唐，长安为墟，至取宫室之材浮河而下。后建都洛阳，又以汴州为开封府，建为东都，创置宫殿，但兵戈扰攘，已无规模可言，诚如后晋薛融进谏："今宫室虽经焚毁，犹侈于帝尧之茅茨，今公私困窘，非陛下修宫馆之日。"至后周建都汴京，方内略定，始有开国建设之计。广顺三年(953)，诏开封府丁五万五千人修补京师罗廓；显德二年(955)，汴京成为政治经济中心，旧有建筑不敷居用，又大兴土木，增修汴城，但着眼点重在市政的总体建设，就宫殿而论，变化不大。

宋太祖受周禅，在既有市政建设的基础上，仿洛阳制度修葺大内宫殿，面貌始为之一变。大内本唐节度使治所，梁为建昌宫，晋号大宁宫，周加营缮，略有王者之制。太祖则命有司画洛阳宫殿，按图修建，"皇居始壮丽"，有威加海内的气象。宫城周五里，南三门，正门宣德，两侧左掖、右掖；东门东华，西门西华，北门拱宸。宣德门楼形，下列五门，金钉朱漆，砖石甃壁，雕镂龙凤飞云之状，峻桷层榱，覆以琉璃瓦，曲尺朵楼，朱栏彩槛，莫非雕甍画栋,极壮丽之致。大内正殿为大庆,正衙为文德,北有紫宸殿,为视朝之前殿;西有垂拱殿,为常日视朝之所。次西有皇仪殿,再西有集英殿,为赐宴群臣之所;殿后有需云殿,东有升平楼,为宫中观宴之所。后宫有崇政殿,殿后有景福殿,西有延和殿,为帝王阅事便坐之所。仁宗景祐元年(1034),展拓大庆殿为广庭,改殿为九间,挟各五间,东西廊各六十间,用作朝会封册之所;后又在此殿行飨明堂、谢天地之礼。秦汉至唐之大殿,多以台基高峻为规模之要点。而宋之大殿,文献中少有记述其台基者,仅称大庆殿有龙墀沙墀之制。

又从整体布局来看,比之于隋唐,规模不是十分宏大,轴线也不是十分严格。如文德殿与紫宸、垂拱合成东西横列的一组,文德为"过殿"而居于中轴,却不处于正殿大庆之正中线上而偏西。这使得北宋的宫殿显得气局不大,政教王权的庄肃威严大为淡化,而更具有灵活纤巧的特点,反映了崇文抑武的国策对于宫殿建筑的影响。就其创意而论,则御街千步廊的制度,各立黑漆权子,路心又立朱漆权子,中心道不得人马行往,权子内瓷砌御沟两道植莲荷,近岸植桃李,加强了宫殿内外的联系,为元、明、清的宫殿格局所仿效;同时,"工"字形殿的平面,唐代仅用于官署,名"轴心舍",宋代则用于宫殿,为森严的空间平添了活泼的氛围。而作为崇文的具体表现,则是宫城中多建有崇文院三馆、秘阁、苑囿等,规模过于前代;又以宋帝都崇奉道教,宫中多建有道教宫观,则为前代所罕见。至于崇宁二年(1103)刊印颁发的李诫的《营造法式》,作为当时和前代以宫殿为主的官式建筑的总结,更成为中国建筑史上的一部经典。

北宋宫殿之营造,自太祖以来,动皆豪举侈观,至仁宗之世,国用枯竭,仍不稍歇。是时群臣迭上奏疏,乞罢土木,以为"先朝以此竭天下之力,又复修葺,则民不堪命"。但直至徽宗朝,仍无丝毫收敛,以至于引发了"靖康之难"。建炎三年(1129),高宗赵构驻跸杭州,以州治为行宫,下诏罪己;至绍兴初,与群臣商议奠都建康、平江,而高宗意在杭州,因在临安营建宫殿,至绍兴二十八年(1158)形成规模。由于临安宫殿位于凤凰山麓,地形起伏多变,因此宫殿的布局也因势利导,相机安排,形成了与以往僵化森严的宫殿迥然异趣的布局风格。宫城南面辟三门,正中为丽正门,入门即达于朝区,迎面为大朝文德殿建筑群,以不同的功能命以不同的名称,凡上寿则名紫宸殿,朝贺则名大庆殿,宗祀则名明堂殿,策士则名集英殿。过文德殿为常朝垂拱殿,主殿五间十二架,长六丈,广八丈四尺;檐屋三,门长广各丈五;朵殿四,两廊各二十间;殿门三间,内龙墀折槛。这两座清疏的殿院,即构成整个宫城的朝区。朝区后为寝宫,其内殿宇略多,布局也更趋曲折灵活。如供便坐视事用的延和殿,宴间之所的射殿,御寝之所的福宁殿等;后妃宫寝,则有慈宁殿、慈元殿、慈明殿、裱华殿、坤宁殿、东华堂、夫人阁等。宫城北部为后苑,颇有花木之胜。综观南宋宫殿建筑,因地形的限制和国力的衰微、国运的不振,用以象征王权的整饬肃杀是完全不成功的;但灵活多姿的立体空间组合和建筑物本身形制的疏淡,尤其是宫寝、苑囿在宫城中所占比重的增大,引起审美意境的变易,其艺术的成就不可谓不高。

与五代、两宋并峙的辽、金等少数民族政权,亦各有宫殿的营造。辽的上京,有开皇、安德、五銮三大殿;南京有仁政殿,大体均类北宋初期形制,但以雄朴为主,结构完固,不尚华饰。后来金世宗大定二十八年(1188)谓臣下曰:"宫殿制度苟务华饰,必不坚固,今仁政殿辽时所建,全无华饰,但见他处岁岁修完,唯此殿如旧,以此见虚华无实者不能经久也。"金的上京,初亦无宫殿可观,后以武力与中原文物接触,乃逐渐模仿中原营构宫室,陆续有明德宫、五云楼、重明殿、太庙、社稷等建成。天德至正隆(1149—1161),宫殿建筑规模宏大,务求侈丽,不殚工费;贞元元年(1153)迁都燕京,称中都,而以汴京为南京,大定为北京,大同为西京,各京均有宫室营造,尤以中都为甚。中都宫殿,制度多取法于汴京宋故宫,千步廊两侧植柳,宣阳门以金钉绘龙凤,宫阙门户皆用青琉璃瓦饰,金碧晕飞,规制宏丽。内殿正朝名大安殿,常朝名仁政殿,东西皆有廊庑。后寝有寿康宫、东宫等,再后为御花园。其仪卫的华整,虽或制度不经,却亦"工巧无遗力"。

元朝蒙古族入主中土,建皇城于大都正中偏南,包含三组宫殿:大内宫殿区、兴圣宫嫔妃住处、隆福宫太后住处,此外还有御苑和太液池。皇城正门承天门外,有石桥和棂星门,再南为御街,两侧建长廊,直抵都城正南门的正门。东西建太庙和社稷坛。宫城四面辟门,四隅建角楼。宫城内以大明殿、延春阁为主的两组宫殿,置于中轴线上,其余屋宇则依轴线对称朝揖,成仪卫之势。大明殿为登极、正旦、寿节朝会的正殿,十一间,东西二百尺,进深一百二十尺,高九十尺,基高十尺,前有殿阶纳为三级,殿楹方柱,大五六尺,高四尺,大殿宽广,可容六千人聚食。大都宫殿,往往采用前后殿宇中间连以穿廊的"工"字形制,显然是继承了宋、金的传统。但在装饰方面,却因游牧生活的习俗和喇嘛教、伊斯兰教建筑的影响,产生了不少新的手法,如大量使用多彩琉璃,使用紫檀、楠木等高级木料,喜用金红色装饰,墙壁挂毡毯毛皮和丝织帷幕,屋顶掺用盂顶、畏吾儿式、棕毛式,采用石料造浴室和庋藏所等。这些对于明代宫殿建筑和装饰均有一定的启迪。

明代实际上建过三处宫殿,明太祖主持建造的南京宫殿和中都临濠宫殿,以及明成祖主持建造的北京宫殿即今故宫。后来清入关,定鼎北京,因明故宫之旧稍加增修,以为朝寝之所。清入关之前,先有沈阳故宫之营造,亦具一定规模。北京故宫和沈阳故宫均完整保存至今,尤其是北京故宫,不仅在宫殿建筑史上,即使在整个中国建筑史上,也是现存最伟大、最完整的古建筑群,具体留待后文另作介绍,这里不作展开。

中国三千年宫殿建筑的发生和发展,概括为表2-1:

表 2-1 中国宫殿建筑的发生发展

时期	代表性建筑和遗址	发展和特点
夏商周	河南偃师二里头宫殿遗址	现知最早的宫殿遗址
	郑州商城、湖北黄陂县盘龙城遗址，商代中期，规模较小	中国古代宫殿经过夏、商草创，至西周已基本定型。西周宫室中两个重要的建筑内容：明堂——宣讲政教而建的殿堂；辟雍——天子讲书的地方
	西周宫室遗址，明显为对称布局，有迄今所知最早的四合院实例	
秦	陕西咸阳市东郊咸阳宫，公元前212年，在渭南上林苑别营朝宫先作前殿"阿房宫"	秦于关中建宫三百处，关外四百余所，设以锦绣帷帐，陈以钟鼓美人，奢侈华赡，无以复加
汉	汉高祖，公元前202年，迁都长安，建长乐宫、未央宫。汉武帝时，国力强盛，营建大批宫殿，筑建章宫	汉代宫殿，其繁复之布置，伟岸之外观，所达到的高度标准，实可与秦前后辉映
	东汉洛阳分南北两宫，北宫德阳殿	东汉宫殿，其规模气魄，显然难与西汉长安宫阙相提并论
魏晋南北朝	邺城，曹操营造的铜雀台、金凤台、冰井台	魏晋三百六十年，战乱频仍，土木之功，虽不时营建，但规模已无法同两汉相比拟
隋	隋炀帝于伊洛营建东京，宫殿以乾阳为正殿，规模最大；大业殿规模小于乾阳，而雕绮过之。东都之外，关洛之间至江都，离宫别苑，秀丽标奇	隋承北周，北周以周制为标榜，宫殿体制一革汉魏以来的东西堂体制，改用三朝五门，后世自唐至明清，宫殿建筑的布局均以此为准则，相沿不移
唐	太极宫在隋故宫基础上加以扩大，大明宫建于太宗贞观八年(634)，其遗址大部分已发掘，外朝——含元殿，中朝——宣德殿，内朝——紫宸殿	唐朝的宫殿建筑，以国力的昌盛，洋溢出昂扬旺盛的创造活力，不仅在宫殿建筑史上，即使在整个中国建筑史上，也称得上是一个黄金时代
五代	广顺三年(953)，诏开封府丁五万五千人修补京师罗廓，显德二年(955)，汴京成为政治经济中心，大兴土木增修汴城	五代乱离，中原建设力弱而破坏甚烈，就宫殿而论，变化不大

续　表

时期	代表性建筑和遗址	发展和特点
宋元	宋太祖命有司画洛阳宫殿，按图修建，"皇宫始壮丽"，有威加海内的气象。大内正殿为大庆，正衙为文德，而作为崇文的具体表现，则是宫城中多建有崇文院三馆、密阁、苑囿等。 辽的上京，有开皇、安德、五銮三大殿，南京有仁政殿。 金的上京，陆续有明德宫、五云楼、重明殿、太庙、社稷等建成。 元朝蒙古族入主中原，建皇城于大都正中偏南	宋之宫殿，规模不是十分宏大，轴线也不是十分严格，北宋宫殿的气势不大，政教皇权的庄肃威严已大为淡化，更具有纤巧灵活的特点。 南宋于临安营建宫殿，位于凤凰山麓，形成了与以往僵化森严迥然异趣的布局风格，宋帝都崇奉道教，宫中多建有道教宫观，为前代所罕有。崇宁二年(1103)刊印颁发的李诫的《营造法式》是中国建筑史上的一部经典。 与五代、两宋并峙的辽、金等少数民族政权，亦各有宫殿的营造
明	明代实际上建设过三处宫殿，太祖造的南京宫殿和中都临濠宫殿，明成祖主持建造的北京宫殿即故宫	中国建筑史上最伟大、最完整的宫殿建筑
清	清入关之前，现有沈阳故宫之营造，亦具有一定规模	北京故宫和沈阳故宫均完整保存至今，尤其是北京故宫，不仅在宫殿建筑史上，即使在整个中国建筑史上，也是现存最伟大、最完整的古建筑群

二、中国宫殿建筑的审美特征

作为帝王生活起居和国运、国脉所系的建筑空间，宫殿建筑的审美特征，基本上可以用"大壮"二字加以概括。大壮亦即强盛的意思，它在外观上表现为一种崇高、雄伟、辉煌、灿烂、超乎凡俗的气魄和气势，所谓"巨大的物质体量压倒心灵"，使观者面对着它或置身于其中，自然而然地受到一种震撼，相形地感觉到自身的渺小不足称道，同时又激发起一种昂扬亢奋的力量去追随它，甚或超越它。需要指出的是，这种大壮的审美特征，并不是在每一个王朝的宫殿建筑中都有同等的体现,而是因王朝盛衰的不同、统治者精神状态和胸襟气魄的不同各有不同的表现。一般来说,当一个王朝处于上升的隆盛期,政治安定,国力昌盛,统治者雄才大略,那么这一时期的宫殿建筑便表现出极致的大壮之美而令人叹为观止;反之,则成为一种衰颓的靡靡之音。但即使如此,衰颓的宫殿建筑比起同时期的其他建筑来,还是要显得气派得多。

所谓崇高、雄伟、辉煌、灿烂的大壮之美,也可以用一些具体的尺度去加以衡量,如占地面积的广大、建筑体量的高大、整体空间的巨大等等,根据礼制的规定,这些都不是其他建筑所能超越的,如《礼记》中对房屋高度的等级规定:"天子之堂九尺,诸侯七尺,大夫五尺,士三尺。"明确以天子的宫殿为至尊。再加上所谓"普天之下,莫非王土,率土之滨,莫非王臣"的等级思想,使得这样一种登峰造极的尺度,必须倾整个国家的实力,包括人力、物力、财力以及耗费大量的时间才能达到,更非其他建筑所能企及。不少王朝的宫殿营造工程,往往动辄发起数千、上万甚至数十万人,投入了几使国库空虚的物力、财力,以数年、十数年、数十年的时间方始告成,甚至未及竣工人先亡,便足以说明问题。

中国古代宫殿几乎全部为木结构建筑。由于木料长度、粗细、易燃等局限性,一般来说,建筑的空间体量不可能很大。但是,古代的建筑匠师在营造宫室之时,巧妙地统筹规划,利用巨大的台基或高起的地形地势作烘托,或向高层发展,以造成崇高的体量,同时又借助建筑群体的有机组合,重重铺陈,环环烘托,以造成伟大的体量,从而克服了木结构建筑难以达到崇高、雄伟的缺陷,表现出大壮的审美特色。

但是,崇高、雄伟的巨大体量,又往往容易显得单调、呆滞、死气沉沉,如古埃及的金字塔就是典型的例子。作为阴宅的陵墓建筑,仅有崇高、雄伟亦可;作为阳宅的宫殿建筑,它还必须同时具备辉煌、灿烂的生动效果,才能完美地体现大壮的审美特色。在这方面,传统的木结构建筑便明显地表现出优于砖石结构的特点。特别就宫殿建筑而论,各单体建筑的组合除通过三维尺度的大小对比造成错落有致之外,各种曲线屋顶的参差,庑殿顶、歇山顶各具变化而又和谐统一,斗拱的运用、琉璃瓦饰的运用,乃至雕梁画栋、金碧璀璨,包括室外的陈设、室内的装修,都在表现出一种辉煌灿烂的审美境界,洋溢着无穷无尽的生命张力。

诚然,这种大壮的建筑,使"鬼"为之则劳神,使人为之则伤民;一个王朝,往往也有因此而导致国力凋敝、天怒人怨,最终毁于一旦的。所以,不少创业的帝王,每于定鼎之初恪守俭约,不事奢华,甚至以撤毁前朝崇丽的宫室之举来取信于臣民。但是,一方面,从建筑史的角度,劳民伤财的宫殿建筑毕竟为我们留下了一份丰富的文化遗产,作为古代匠师智慧的结晶,不仅为我们提供了流连欣赏的人文景观,同时也值得我们加以继承发扬,以创造更合于我们民族和时代精神的新的生活空间;另一方面,从当时统治者的角度,要想使自己的统治达到长治久安,作为一个王朝的形象和国运、国脉、国格之所系,"非令壮丽"实在也"亡以重威,且亡令后世有以加焉"。

因此,作为大壮的外观特征,是崇高、雄伟、辉煌、灿烂,其内涵则是象征了古代典章制度的等级秩序和应天承运的阴阳术数,并具体表现为森严、肃穆的特色,如中轴对称的布局、神秘形象和神秘数字的运用等等。它们与崇高、雄伟、辉煌、灿烂的特色互为表里,共同构成了古代宫殿建筑"大壮"的审美特征之完整形态。

下面,我们从工程规模、总体布局、单体结构、室外陈设、室内装修五方面,对古代宫殿建筑崇高、雄伟、辉煌、灿烂、森严、肃穆的大壮之美加以具体的分析。

(一) 工程规模

历代帝王都以天下为一己之私,而宫殿建筑不仅仅是为了他们穷奢极欲的生活享受需要，更是为了以之作为萃天下物质精神财富的象征之物。因此，宫室之建，无不宏规巨模，在人力、物力、财力的投入方面，达到实际条件所允许的极限。如秦始皇所建的宫室，撇开其"每破诸侯，写仿其宫室作之咸阳北陂上"不论，仅三十五年（前212）因咸阳人多，嫌先前所建之宫廷小，遂于渭南别营朝宫，咸阳之旁二百里内，宫观二百七十，复道、甬道相连，浩大的工程，发刑徒七十余万人为之，至二世三年（前207），历时六年，尚未竣工，所建成的宫室却被项羽一炬，火三月而不灭。后赵石虎于邺、长安、洛阳营造宫殿，投入工役四十余万人，历三十余年而不绝。北宋治汴京宫观，自太祖至徽宗历时一百数十年，投入人力无数，财力则使国库空虚。北京故宫的营造，从永乐元年（1403）起，明成祖集中了全国的匠师，征调军民役工三十万人，以十九年的时间始成规模，嗣后历代皇帝继续增修改建，才形成今天的面貌。从这些例子，我们不难明白宫殿建筑大壮的审美特征，难怪汉高祖会朝长乐宫，要说出"吾乃今日知为皇帝之贵也"的话来。

（二）总体布局

宫殿建筑的总体布局，都是附会了封建统治的礼制来加以规划的，因而具有森严的等级秩序和肃穆的阴阳术数，体现出大壮的审美特征。

首先，宫城的选址必须符合堪舆的观念，有助于王气的涵养生发，如汉唐的宫殿，均借龙首原之气脉以助威仪，自然非同凡响，能尽大壮之至。所以，班固《西都赋》赞美长安宫殿："体象乎天地，经纬乎阴阳，据坤灵之正位，仿太紫之圆方。"颜真卿《象魏赋》赞美长安宫殿："浚重门于北极，耸双阙以南敞，夹黄道而巍峨，干青云之直上，美哉！真盛代之圣明也。"

宫址既经选定，建筑物的布局安排、空间的转换组织等等，又必须依照礼制的等级秩序加以具体经营。无论周和隋唐以后的三朝制度，还是汉魏的东西堂制度，大体上都按照中轴线作左右对称、层层进深的布局，前朝后寝,左祖右社,秩序井然,气氛森严,拱卫朝揖的皇家威仪,凛然有条不紊。从宋代开始,又在皇宫正门前设千步廊,建立一定的环境气氛。以北京故宫为例,坐落在由永定门经正阳门到钟鼓楼的一条中轴线上,通过街道的约束引导人们的注意力恭对正阳门,这种强制感应措施在建筑景观学中称为沿街对景;进入前门后,棋盘街的闹市使人的注意力稍稍松散,以调节紧张的情绪;但进入大明门(清改大清门、今之中华门)后,注意力又重新趋于集中,渐次进入名为天街的"丁"字形宫廷广场。广场为严格的轴线对称,周围环绕色彩浓郁的红墙,层层封闭,正中一条狭长而笔直的大道,一直伸向天安门前,大道东西两边,傍红墙内侧,为连檐通脊的千步廊,一间一间地排列下去,体形矮小单调,衬托出矗立在大道尽头的天安门显得格外雄伟壮丽;同时,中心大道的纵长深远与尽头横街的开阔平展,在空间上突然变化,亦进一步显示出宫殿的尊严华贵和皇权的绝对权威。进入天安门后,两边建重复低矮的廊房;进入端门后依然如此,视线遂被一直引向前方;以后又要经过午门、太和门,才能登上三层由汉白玉栏杆围绕的台阶到达太和殿,参加朝拜的典礼。在这种空间建筑环境的感应下,再加上传呼和礼乐气氛的影响,必然导致人们产生肃然起敬的心理。紫禁城的各建筑中,作为前朝的三大殿是核心,因为它们代表着政权,象征着至高无上的君主尊严,因此它们的规模比之其他殿宇来得更为恢宏博大,造型、装饰以及陈设都采用了最高的等级,分布在它们四周的附属建筑,前后左右的环境安排,则起到陪衬的作用,如绿叶之扶花、众星之捧月。三大殿前的重重门阙和漫长御路,殿前开阔的广场,则烘托出三大殿的庄严神圣、至高无上和磅礴气势。东西对峙的体仁、弘义阁左护右卫,两侧廊庑的低矮单调,殿院四隅崇楼的精巧华丽,如群臣之朝揖,更突出了主体建筑雄伟庄严的最高等级。作为后寝的后宫布局,既同前朝三大殿的雄伟风格相协调,又适合帝后们的日常起居生活。首先,如后三宫的组合与前三殿基本类似,连殿前的陈设也做同样的处理。这种重复的布局手法,体现了礼仪上的呼应和审美格局上的统一;但由于后寝的功能毕竟不同于前朝,对皇权象征的要求相应淡化,而日用的要求则相应增强,因此所有建筑物的体量都相应减小,而密度则大大提高。如后三宫占地仅及前三殿的三分之一不到,建筑密度则是前三殿的两倍。其次,三大殿采用一正两厢的对称布局方法,后三宫仅强调左右对称,而不强调东西陪衬的高大两厢,即所谓"无两厢有室日寝"。再次,后三宫与前三殿一样,院内不栽树木,却随季节陈设各种盆栽花木,生机盎然,令人有亲切舒适之感。至于御花园的布置,绚烂之极复归平淡,自然的色彩更浓,主要是用作帝后们的游豫之需,所以基本上不涵王权森严的象征比附意义。

除封建等级秩序外,故宫的总体布局同时还体现了古代的阴阳术数思想。如外朝属阳,因此外殿的宫殿布局采用奇数,称"五门三朝之制";而内廷属阴,因此内廷的宫殿布局采用偶数,称"两宫六寝"。又如东方属木,色青,生化过程为"生",所以宫殿东部的文华殿、南三所等,多用绿色琉璃瓦剪顶,且多用作太子读书之所;西方属金,生化过程为"收",所以从汉代开始,太后、太妃的寝室多置于西侧,故宫寿安宫、寿康宫、慈宁宫相沿不改;而赤色志喜,所以宫墙、檐墙乃至门、窗、柱、柜的髹漆一律用红色;等等。

(三) 单体结构

宫殿是由众多单体建筑有序组合而成的一个大建筑群,其总体的布局固然合乎等级秩序和阴阳术数,从而体认了大壮的审美特征;其单体的结构同样合乎等级秩序和阴阳术数,从而亦体认了大壮的审美特征。

布置在轴线不同位置的各单体建筑,因其功能的不同而各有不同的形制、体量。而它们的具体结构部件,不外乎基座、踏道、开间、斗拱、屋顶形式、装饰彩画等,下面分别加以叙述。

中国古代建筑多为木结构,宫殿建筑亦不例外。而木构建筑的一个

"缺陷"，就是不能十分高耸，因此，为了体现宫殿建筑有别于一般建筑的高大、威严，就需要利用基础、踏道来抬高提升。

基座，最早时为夯土台，以高度不同而区分坐落于其上的建筑物的等级，后来也有借地形而高垲其势的，目的不仅是保护建筑的基础，更显示建筑物的崇高庄严，同时也就体现了其大壮的审美特征。如元李好问曾说："予至长安，亲见汉宫故址，皆因高为基，突兀峻崎，奉然山出，如未央、神明、井干之基皆然，望之使人神志不觉森竦，使当时楼观在上又当何如?"足以说明崇台峻基所予观者对于整个建筑物的印象，是何等的雄伟深刻。至后世建筑技术发达，宫殿建筑的基座改为砖石雕砌，可以分为表面平直的普通基座、带石栏杆的较高级基座、须弥座式带石栏杆的高级基座和三层须弥座式带石栏杆的最高级基座四等，根据礼制的规定，后两种只有殿式建筑才能使用，前两种则可为公侯、士民所通用。反映在宫殿实物的遗存中，如故宫太和殿的基座便为三层须弥座式带石栏杆的最高等级，高达二十五尺以上，从而进一步烘托了大殿的雄伟崇高、至高无上；其他殿堂建筑，则依据其等级的不同，分别用高级、较高级、普通三种不同的基座。

踏道，是建筑物出入口处供进出时蹬踏的建筑辅助设施，最常见的为台阶式踏跺，分为四个等级。普通踏跺从大到小、由下而上将大小不一的石块叠砌便成，可三面上下，多用于次要建筑物或主要建筑的次要出入口处；较高级的踏跺两侧带垂带石，只能一面上下，且拾级稍高，用于较高级建筑物的出入口处；更高级踏跺，在垂带石上加石栏杆，且拾级更高，用于更高级建筑物的出入口处；最高级踏跺，则以垂带石加石栏杆的台阶与雕龙刻凤的斜坡道相结合，且往往三阶并列或分列，正中的斜道为皇帝通行的御路神道，两边的台阶则是大臣进退的阶梯，如故宫太和殿前的踏道即是如此，从而对于大殿的庄严神圣起到了极大的渲染作用。

开间，即由四根柱子围成的空间，是中国古代建筑空间组成的基本单元。一般迎面的叫面阔,一座建筑物迎面横列十根柱子,就是九间;纵深亦叫进深。平面组合中,绝大多数开间是单数,取其吉祥的寓意。又糅合了等级制度,开间越多,等级越高,且以九、五来象征帝王之尊,尤以九为极数。所以,宫殿建筑中,最高级别的单体建筑物多以面阔九间为最大。如北京故宫太和殿、太庙大殿,在明代均为面阔九间,入清后扩展到十一间,气势极其恢宏;除宫殿外,一般不允许建造面阔九间的建筑物。

斗拱,是中国古代木构架建筑的特有构件,其工程技术上的作用主要有三:一是支撑巨大的屋顶出檐,减少室内大梁的跨度;二是将屋顶和上层构架传下来的荷载传给柱子,再由柱子传给基础;三是用作装饰的构件。其结构,方形的叫斗,弓形的短木叫拱,斜置的长木枋叫昂,斗拱逐铺作,造型精巧而有序,复杂而美观。斗拱的大小与出挑的层数有关,层数越多,等级越高,作为等级制度的象征和建筑尺度的衡量标准,专用于殿式建筑。而在同一座宫殿建筑中,各单体建筑物的级别,有斗拱的高于无斗拱的,斗拱多的高于斗拱少的。如北京故宫天安门城楼的下檐为五踩斗拱,上檐用七踩斗拱;而太和殿的下檐用七踩斗拱,上檐用九踩斗拱。

屋顶形式,有四坡五脊的庑殿顶、四坡九脊的歇山顶,以及悬山、硬山、攒尖、盈顶、卷棚多种形制,又有单檐、重檐之别,千变万化,瑰丽多姿。不同形式屋顶的有序组合,不仅是考虑到节奏上的跌宕起伏,从而使森严庄重的总体平面布局在立面空间显示出生命的律动,同时还体认了不同的等级秩序。重檐庑殿顶气派恢宏,用于最高级的建筑物,如北京故宫的太和殿、乾清宫、坤宁宫等;重檐歇山顶恢宏而兼玲珑,用于次高等级的建筑物,如北京故宫的保和殿、太和门等;单檐庑殿顶气派恢宏但稍逊于重檐,用于第三等级的建筑物,如北京故宫的体仁阁、弘义阁、华英殿等;单檐歇山顶恢宏玲珑但稍逊于重檐,用于第四等级的建筑物,如北京故宫的东西六宫(景阳宫、咸福宫除外);悬山顶庄重大方,用于第五等级的建筑物,如北京太庙的神厨、神库;硬山顶庄重朴素,用于第六等级的建筑物,如北京故宫的保和殿两庑;攒尖顶、盘顶、卷棚顶各以奇巧雅致为胜,分别用于第七、八、九等级的建筑物,如北京故宫的中和殿、钦安殿、古华轩等。不同形制、等级的屋顶,多做成屋檐翘起的飞檐的形式,从实用的角度,可以加强采光、防止风雨;从审美的角度,如鸟斯革,如翠斯飞,又可以助长建筑物飞扬轩昂的气势。高级的建筑物,多用琉璃瓦覆顶,色彩辉煌炫耀,同样,有助于显示壮丽的气派;而低级的建筑物,则用灰瓦覆顶,色彩比较单调,借以衬托主体建筑物的级别。高级屋顶的脊上,还辅以琉璃瓦饰,正脊上用吞脊兽,又称鸱吻、鸱尾、大吻等,用以保护不同坡面的相接处不使渗雨,同时又合乎消灾灭火的术数观念,象征建筑物至高无上的等级权威,还可以起到装饰美化的作用。垂脊上有垂兽,岔脊上有戗兽,统称为兽头,主要用作等级权威的象征和造型审美的装饰。翘起的飞檐上常排列一队小兽,大小多少由建筑物的等级所决定,最高等级的为十一个,以骑凤仙人领头,而后依次为龙、凤、狮、天马、海马、狻猊、押鱼、獬豸、斗牛、行什,多为传说中的吉祥动物,具有厌胜的术数意义。如北京故宫太和殿飞檐的瓦饰便是如此,而乾清宫的地位次于太和殿,因此檐兽的型号比之缩小一号,数目也减少一个;坤宁宫地位又低一些,因此檐兽的型号又缩小一号,数目则减少三个。

(四) 室外陈设

室外陈设,除一部分具有实用的或礼教的功能外,主要是为了烘托宫殿所特有的王权气派。由于宫殿建筑,尤其是前朝部分的建筑,具有强烈的礼教性质,因此必须在建筑物的室外空间布置一部分器物,供朝会时的仪式典礼所用;同时,这部分空间气氛的营造,为了避免来自自然的干扰,多不植树木,因此又需要布置一部分具有标志性的建筑物,用以调节空间节奏,同时也起到烘托王权气派的作用。常见的宫殿室外陈设器物、建筑物,主要有华表、石狮、嘉量、日晷、吉祥缸、江山社稷亭、铜路灯、香炉、铜龟鹤等。

华表是一根笔直挺拔的汉白玉柱,柱身上雕刻云龙纹,最早时用作道路的标记或刻写谏言的诽谤木,后世宫殿建筑中则主要用作装饰象征的作用,如北京天安门前的一对华表,顶上的蹲兽头向宫外,名"望君归"。门后的一对华表,蹲兽头向宫内,名"望君出",寓意都是希望君王关心政治,同时也为整座宫殿建筑的大壮气派增色不少。

石狮或铜狮多用于古代宫殿和王公官僚府第衙门的大门两旁,具有威震八方、鼠蛇畏慑之意,象征封建统治的威严尊贵,其造型亦有等级的规定,如北京故宫太和门前的双狮,体形高大,神态安详,雄狮爪下踏彩球,象征寰宇一统,雌狮爪下踏小狮,寓意子嗣昌盛。

嘉量是古代的标准量器,如北京故宫太和殿前置一方形嘉量,乾清宫前置一圆形嘉量,用以表示帝王的秉事公正。

日晷是古代的一种计时器,北京故宫太和殿前置一日晷,作为室外陈设品,目的不在于计时,而在于象征王权,表示皇帝控制着宇宙的时间。

吉祥缸又称门海,根据术数的观念,门前有大海就不怕火灾,北京故宫各殿的丹墀两边和殿庭的红墙外侧、大殿广场的四角,乃至后宫的东西长街,多置有不同大小的吉祥缸,以金属制成,内贮清水,尤以前三殿等重要殿堂前,放置最大的鎏金铜缸,金光熠熠,造型或古朴或厚重,陪衬出宫殿的气宇轩昂、富丽堂皇。而东西宫等处的建筑物级别较低,所以放置较小的铜缸或铁缸。

江山社稷亭往往做成金殿的形制,造型庄严而做工精致,如北京故宫乾清宫丹墀的东西两侧均于石台上置一仿木结构的镀金江山社稷亭,用以显示并提醒皇帝的尊贵和权威。

铜路灯在北京故宫的许多殿堂前、宫门旁都有陈设,下为汉白玉座,上设铜质重檐攒尖四方形灯箱,白天可以起到装饰作用,夜间具有照明的实用价值,明清两代定制,铜路灯只能置于紫禁城,别处不得僭用。

香炉供朝会典礼时使用,如故宫太和殿丹陛上的鼎式铜香炉,每遇大朝时燃烧檀香、松枝于其中,使整个宫殿香烟缭绕。

龟鹤象征长寿,故宫太和殿丹陛上的铜龟、铜鹤,造型写实而有仙风道骨,对于宫殿空间环境气氛的渲染,也是必不可少的点缀。

(五) 室内装修

宫殿建筑的技术手段,以官式大木作法为主,这在官方颁行的宋《营造法式》和清《工部工程做法则例》等典籍中都有明确的规定。如果以奢华细靡为尚,便会影响到大壮之美的永恒象征,如金世宗所说:"宫殿制度,苟务华饰,必不坚固,以此见虚华无实者不能经久也。"但这并不意味着它对于室内小木装修乃至摆件陈设的不予考虑。撇开六朝绮靡的宫殿建筑不论,事实上,无论秦汉、唐宋还是明清的宫殿建筑,在注重大气魄、大气势的同时,适当地调动小木装修和摆件陈设的精巧手段,寓婀娜于刚健,杂流丽于端庄,可以进一步丰富并深化大壮之美的内涵。因此,文献中所记出色的宫殿建筑,不仅外观壮丽雄伟,内部亦多雕梁画栋、华榱璧珰、悬绶绣幔,十分考究,使宫殿的室内空间弥漫着皇家所特有的豪华气派,令人眼目为之炫耀,心神为之惊憬。实物遗存则如北京故宫,也是一个成功的典型;但乾隆时因弘历个人的偏好,有些殿堂的室内装修趋于繁缛堆砌,近于西方的洛可可作风,格调不是很高。

常见的宫殿室内装修,有金砖墁地、藻井、彩画、屏风、太平有象、角端仙鹤、盘龙香筒、如意等内容;至于门窗的棂格等私家园林、府邸中常见的小木作法,在宫殿建筑中并不具有十分重要的意义。

金砖墁地采用专为皇宫烧制的细料方砖以严格的工艺铺墁而成,用于宫殿中最高等级的建筑物。如北京故宫太和、中和、保和三殿的地面,即为特制的"金砖"铺墁,敲之有声,断之无孔。铺墁时工艺严格,先经砍磨加工,以使墁好的表面严丝合缝,即所谓"磨砖对缝";然后抄平、铺泥,弹线试铺；最后刮平，浸以生桐油，才算完工。所以经久耐磨，越磨越亮。

藻井施于宫殿宝座上方的天花板，原来具有厌胜避火的含义，后来专门用于官式建筑的内顶装饰，制造精细，雕画繁缛，雍容华贵之中涵有一种威严雄伟的气派。如北京故宫太和殿内，正中一个高约 2 米的地平台上设金漆雕龙宝座，座顶正中饰金龙藻井，倒垂圆球轩辕镜，金碧辉煌，富丽堂皇，与地面的宝座上下呼应，互为衬托，显示出至高无上的环境氛围。

彩画原是为了防止木结构腐朽的一种髹漆手段，后来才衍变成为装饰的艺术。至宋代以后，宫殿建筑的室内装饰几乎没有不用彩画的。根据礼教的等级制度，第一种即最高级的建筑物用和玺彩画，如北京故宫的太和、中和、保和三殿和乾清、坤宁两宫，其特点是以两个横向的 W 括线分割画面，绘以龙凤图案，间补以花卉，大面积地堆金沥粉，产生金碧辉煌的效果，渲染出皇家的气派。第二种即次高级的建筑物用旋子彩画，如故宫的南薰殿、长春宫等。其特点是以横向的 V 括线分割画面，画面有时绘龙凤图案，但比较单调，间补花卉，全以旋式组成，仅在主要部位贴金，甚至一点不贴金。第三种苏式彩画，品级更低，但布局灵活，绘画的题材有一定的选择自由，如北京的东西六宫，多绘人物故事、山水花鸟。第四种即品级再低的建筑物，则不施彩画装饰。

屏风是室内陈设的家具，但宫殿中所使用者多以名贵材料制成。如西汉的宫廷中，曾使用过璀璨斑斓的云母屏风、琉璃屏风和杂玉龟甲屏风等。后世还出现过珐琅屏风、象牙屏风，无不价值连城。非以帝王之尊严，绝不可能占有，而非以宫殿之大壮，也绝不可能容纳。反过来，高贵的屏风也正为帝王的尊严、宫殿的大壮起到了衬托的作用，其意义完全是超出实用价值的。

太平有象，经常陈设在朝会大殿内皇帝宝座的旁边，以各种质料做成。如北京故宫太和殿宝座旁陈设的一对太平有象，以铜胎珐琅嵌料石，象身高大庄严，体躯粗壮，性情温柔，稳健的四蹄直立基座上，象征着社会的安定和政权的巩固,身上驮一宝瓶,内盛五谷和吉祥之物,寓意天下太平、五谷丰登,所以名太平有象。

角端仙鹤为象征圣明永久的瑞兽珍禽,盘龙香筒用以显示天下大治,如意寓意吉祥,诸如此类的工艺品,在朝殿、寝宫中多有摆设。大多用料名贵,制作精细,对于宫殿室内空间氛围的点缀起到了重要的作用。

如上所述宫殿建筑的审美特征,撇开工程规模的浩大不论,总体布局的构思设计不妨称之为"惨淡经营",从而为实际的施工创作奠定了"意在笔先"的基础;而单体结构的落成似可称之为"大胆落墨",整个建筑群的概貌因此而得以基本完成;至于"小心收拾",室外陈设的布置着眼点是放在外部空间气氛的完善方面,而室内装修的匠心着眼点是放在内部空间气氛的完善方面。所有这一切,无论是出于礼教的实用目的包括精神和物质两方面的功能,还是出于术数的比附观念,都是围绕着大壮之美的创造这一中心任务而层层展开、层层落实的,最终为朝会制度的举行构筑出一个最理想的礼教空间环境。

今天,伴随着岁月的变迁,精神观念的易移,礼教的仪制和术数的观念早已成了历史的遗迹。但由于艺术审美活动的一个重要特征是"内容沉下去,形式浮上来",因此在这种仪制和观念支配之下所创造出来的古代宫殿及其大壮之美,作为一种"有意味的形式",尽管这种意味已与我们今天的生活毫不相关,甚至我们对这种意味也已经漠然无所了解,但这种形式依然能给我们以永恒的审美享受。当我们置身于故宫之中游览瞻仰,当我们登上景山之巅俯视鸟瞰,千重宫阙,万重门户,在朝阳的照射之下熠熠闪光,一种崇高、雄伟、辉煌、灿烂、森严、肃穆的大壮之美,炫耀着我们的眼目,震慑着我们的心神,提升着我们振兴中华的民族精神,同时如黑格尔评论欧洲神学美术遗存时所说:"我们已不再屈膝膜拜了。"

第三讲
北京故宫

北京故宫（又称为紫禁城，或大内）是迄今所存规模最大、保存最完整的一处古代宫殿建筑群，位于我国首都北京城区的中心，明清两代的帝王均朝寝于此。辛亥革命后清朝皇帝虽然退位，但仍居住在宫内，只有外朝前面的三大殿开放，设立古物陈列所，公开展览由热河行宫移来的珍贵文物。1924年溥仪带着家属全部退出内廷宫殿，1925年成立故宫博物院，不久又与古物陈列所两部合并，统称故宫博物院，从此以后，故宫紫禁城才全部对外开放。

一、历史沿革

明太祖朱元璋起兵淮右，北上灭元，一统天下。洪武元年（1368）以应天府为南京而建都，二年九月始建新城，六年八月落成，内为宫城，即紫禁城。先是吴王新内城正殿曰奉天殿，前为奉天门，后曰华盖殿，再后为谨身殿，皆翼以廊庑。奉天殿左建文楼、右建武楼；谨身殿之后为乾清宫、坤宁宫，六宫以次序列，皆朴素不为雕饰。时有人进言以瑞州文石甃地，太祖作色曰："敦崇俭朴，犹恐习于奢华，尔乃导子奢丽乎？"至八年（1375）改建大内宫殿，十年（1377）告成，规模益宏，制度如旧。

朱元璋死后，因皇太子先死，就由皇太孙朱允炆继承帝位，史称建文帝。镇守北平顺天府的燕王朱棣为明太祖第四子，不服侄儿称帝，起兵南下，逐走建文帝，自己登上了皇帝的宝座，他就是明成祖，即位的当年为永乐元年(1403)。而此时南京宫殿悉付劫灰,唯宫门殿座间尚有未坏。因此,朱棣即建北京于顺天府,称为行在,同时开始着手在此营建新的宫殿;四年(1406)营造工程大规模起动,修成城垣;十五年(1417)改建皇城,略偏元故宫之东;十八年(1420)正式迁都北京;十九年(1421)全部竣工,即改北京为京师。以后,经历代皇帝继续增修改建,皇宫自然是更加森严雄伟、雄壮华丽了。

北京在元朝就是京城,当时称为大都。明初以南京为京师,大都改称北平府;原大都的元朝皇宫,太液池以西的隆福宫等宫殿都作了朱棣的燕王府,太液池以东的大内宫殿则任其荒芜并逐步被拆毁。因此,论北京城区的建设,虽是在元大都基础上加以改造而成的,但重建的皇宫,形制规模无不遵循明初南京宫殿的制度,原有的元代宫殿早已拆除干净,无所保留了。据《明史·舆服志》记载,新建的北京"宫城周六里一十六步,门八。皇城周一十八里有奇,门六。京城周四十五里,门九。实就元之大都,截其北而展其南而成者也。成祖之营建北京,凡庙社、郊祀、坛场、宫殿、门阙制度,悉如南京,而高敞过之。中朝曰奉天殿……南曰奉天门,常朝所御也"。其后之华盖、谨身诸殿,乾清、坤宁诸宫,千门万户,规划布局一以南京宫阙为蓝图。当时集中了全国各地的能工巧匠,陆续征调了二三十万农民和部分卫军做壮丁,大兴土木。所用的木料,多从四川、贵州、广西、湖南、云南等省的深山老林中采伐而来;石料则从北京附近的房山、盘山等山区开采而来。采料维艰,运输尤其不易,如木料的运输,要等待雨季利用山洪从山上冲下来,然后由江河水路运到京城工地;石料冬铺冰道,夏用滚木,为了供应运料冰道的用水,在沿路大道上每隔一里左右就要凿一口井。由于工程十分艰巨,准备工作甚费时日,再加上与割据漠北的蒙古地方势力连年作战,所以整个工程长达十余年才告一段落。

嗣后,宣宗朱瞻基留意文雅,增建广寒、清暑两殿,及东西琼岛,游观所至,悉置经籍。英宗正统五年(1440),复建前此罹火厄焚毁的前三殿和乾清宫。嘉靖、万历间，又两次火灾、两次重建。但所有这些营造工程，都没有超过永乐时的肇建规模。

明末政治动乱，李自成领导的农民起义军攻陷北京，大内宫阙颇遭焚毁。不久，清兵入关，定鼎北京，其宫殿一仍明旧而修葺之，制度规模，殊少改变，京城、皇城、宫城、内廷宫室，并依旧址，仅诸门、诸殿之名称，略予变易。顺治二年(1645)定三大殿名，明之奉天、华盖、谨身，明末改称皇极、中极、建极，从此改称太和、中和、保和；后宫名称则少有变动。并于当年修整诸殿，次年竣工。十二年(1655)重修内宫。康熙八年(1669)敕建太和殿；十八年(1679)太和殿火灾；二十九年(1690)重修三大殿，三十六年(1697)告成。至此大内修建，基本上恢复了前明的旧规。至乾隆三十年(1765)，又重修三大殿，自此以后，未加改建；三十九年(1774)，敕建文渊阁于文华殿之后，以为庋藏钦定《四库全书》之所。嘉庆二年(1797)，乾清宫、交泰殿火灾，是年重修，次年竣工。至此，大内工程全部结束，终清之世，再未有过较大规模的修葺活动。

综观清代的宫殿营造工程，无不沿自明朝。虽然其修筑规模之宏巨，比之明朝有所不及，但因传统的官式做法，经过数千年的发展，变化已达于极点而集于大成，如雍正十二年(1734)《工部工程做法则例》的颁行，堪与宋代的《营造法式》相媲美，是中国建筑史上集传统之大成的结晶。全书凡七十四卷，列举了二十七种单体建筑的大木作法，并对斗拱、装修、石作、瓦作、铜作、铁作、画作、雕銮等做法和用工用料都作了细密的规定，只需按规格办理，便可用于实际的施工。这虽使单体建筑的造型变化受到了限制，难以突破传统的格局，但对加快设计和施工进度以及掌握工料的使用等等都有很大的益处，而设计工作亦可将精力集中在提高总体布置和装修大样的质量上，宫殿建筑因此而迎来了最后一个全盛的阶段。因此，论故宫建筑，其总体的宏规巨模虽肇自明代，为清代所难以企及；而单体的殿宇楼阁则多数为清代所重建或创建，严密的结构，精到的做工，美轮美奂,比之明代殆有过之而无不及。据缪小山《云自在龛笔记》记载,康熙二十九年(1690)重修三大殿成,诸臣等复奏云:"查故明宫殿楼亭门名共七百八十六座,今以本朝宫殿数目较之,不及前明十分之三。考故明各宫殿九层,基址墙垣,俱用临清砖,木料俱用楠木,今禁内修造房屋出于断不可已,凡一切基址墙垣,俱用寻常砖料,木植皆松木而已。"两代营建的优劣之势,于此可见。

故宫的营造包括修建,前后虽长达数百年之久,投入的物力、财力、人力更是无计其数,令人难以想象;大批能工巧匠用他们的聪明才智和血汗辛勤劳动,修成了这座宏伟壮丽的宫殿,然而他们的名字大多不见史载,不经世传,这是很可惜的。

二、平面布局

故宫的宫殿所在区称为皇城,位于北京内城中心偏南,东西 2 500 米,南北 2 700 余米,呈不规则方形。皇城不起城墙,而是高大的砖垣,四向辟门,东为东安门,西为西安门,北为地安门,南为正门天安门。皇城内还包含三海及太庙、社稷等苑囿、坛庙建筑,用于帝王的游豫和祭祀活动。

天安门前,皇城引申成一处广场,东西两端为东西三座门,向南延伸为千步廊,南端为大明门(清改大清门,今为中华门),门南即京城正门正阳门。由外城正门永定门经正阳门、天安门到地安门、钟鼓楼的中轴线上,即坐落着全城和故宫最重要的一系列建筑物,宫殿群的轴线与北京全城的轴线重合为一,突出地体现了帝王宫殿威仪天下的至尊地位,极具"大壮"的审美效果。

宫城即紫禁城,位于皇城之中,东西约 760 米,南北约 960 米,矩形平面。四周为高大的砖砌城垣,隔以筒子河护城,极其威严肃穆,四隅立美丽的角楼,它们的造型与色彩均破除了城垣的单调。站在城外隔河仰望角楼,虽不能得见城内宫阙的华丽,但"满园春色关不住,一枝红杏出墙来"，也足以引发观者对皇家威仪的遐想。城四面辟门，东为东华门，西为西华门，北为神武门，南为正门午门，宫城前亦有千步廊，廊东（左）为太庙，廊西（右）为社稷坛，系根据礼制"左祖右社"的布局；千步廊南向引申至端门，门南即为皇城正门天安门。过去的官员都是由天安门经端门进午门而入宫参加朝廷的典礼的；今天的故宫博物院则改从神武门入宫参观，对想感受一下皇家威仪的游人来说未免有所遗憾。

午门采取门阙合一的形式，在高峻雄伟的城座上建立了一组建筑，沿千步廊前进瞻望，令人肃然起敬。午门下辟门道，乳钉门气象威猛森严，入道更令人有被吞噬的压抑之感，这里原是献俘、颁诏之处。

过阴森的午门门道，为一开阔的广场，广场中间桓贯一渠，渠两岸设阑干，正对午门和太和门之间，并列五桥即金水桥。这一构思，对于破除这一片广场的平板颇有意义，同时，又与天安门前的外金水桥相为呼应，对入宫朝拜的官员也可起到一种心理上的调节作用。因为过金水桥入太和门，就将面对外朝的正殿太和殿。经验不足的官员，经过午门的压抑，如果不给他留下一隙调节的余地，难免在朝廷的大礼之中举止失措，不知应对。但此渠道的平面呈向上开口的弧形，则与外金水桥渠的平坦明显不同，究其原因，是由于外金水桥所面对的是开阔的天安门广场，内金水桥所面对的则是狭隘的午门门道，如果也取平坦的形状，那么在门道中就无法尽览其完整的形象，未免有损皇家的威仪。而现在，当我们凝神屏息踏入午门的门道，走到一半时稍稍抬头正视，金水桥及金水渠的形象便豁然开朗地全部收入我们的视野，压抑的心理也为之一振。

经金水桥拾级而上太和门，出门便是一片更为开阔的广场，太和殿矗立在广场北端高大洁白的汉白玉三重须弥座台基上，具有至高无上的威仪。这里，便是举行朝廷最隆重典礼的场所。太和殿后为中和殿，中和殿后为保和殿，统称"三大殿"，均属于外朝的部分。此外属于外朝的殿宇，还有太和门东侧的文华殿、西侧的武英殿两组宫殿群。

内廷部分,以乾清门为界,属于帝王后妃的生活区。中轴线上,以乾清宫、交泰殿、坤宁宫三座殿宇为主体,为帝后居住处;东西两侧密布东六宫、西六宫,为嫔妃居住处。东出景运门,为太上皇宫,有乾隆皇帝弘历为自己退位后闲居所建的一组宫殿宁寿宫,包括戏楼、仿江南园林的花园等,建筑装修精美;西出隆宗门,有皇太后居住的慈宁宫以及供奉佛道的建筑物多所,其中雨花阁造型别致,脊饰的鎏金行龙独开生面。整个宫城最北一区为御花园,亦属于内廷部分。

综观故宫的平面布局,在 72 万平方米的地盘上建筑物面积约 15 万平方米,大小屋宇达九千余间,虽不免拥挤,但中轴线明确,左右对称,秩序井然,前朝后寝,无不合于封建礼制的要求,在建筑美学上足以体现"大壮"的特色。外朝与内廷的建筑空间处理,气氛迥然不同。这不仅反映在建筑物的造型、体量、装饰诸方面,也反映在建筑物的疏密程度、自然物的剪裁处理诸方面,如外朝的自然空间较开阔而摒去树木山石等自然物;内廷的自然空间较紧迫而多植花树假山等自然物等等,分别渲染了不同的空间氛围。乃至外朝、内廷区不同建筑的空间安排,无不有高潮、有低谷,或起或伏,张弛有致。尤其令人叹为观止的是,置身于故宫之中,移步换景,所不断地感受到的是各各不同的皇家威仪;而北出神武门,登上景山最高处,仰观宇宙之大,俯察品类之盛,蓝天白云之下,故宫的千万重宫阙,竟能尽收眼底,一览无遗,这是何等大壮的气魄!

三、单体建筑

故宫的殿宇多达九千余间,这里只能择其足以体现大壮之美者稍加评述。

(一)三大殿及外朝诸建筑

外朝三大殿为故宫的中心建筑,而故宫的每一组单体建筑群,自三大殿至后宫的任何一部分,莫不以一正两厢合为一院的构造为原则。每组可由一进或多进庭院组成,因此有人认为:"紫禁城之内,乃由多数庭院合成者也。"就三大殿而论,自午门以内,第一进北面正中为太和门,东西两厢为左协和门、右熙和门,形成三大殿的前庭;太和门以内,北端正中为太和殿,东厢为体仁阁,西厢为弘义阁,各殿阁间缀以廊屋,合成更为开阔的庭院;保和殿与太和殿对称而成又一进庭院,两者同立于一崇高广大的"工"字形石陛上,各在一端,石陛之中则建平面呈正方形而稍矮小的中和殿,因此虽然四合庭院的形制不甚明显,但其基本的布置仍不出此范围。保和殿后为乾清门,与东侧景运门、西侧隆宗门又合为一庭院。而就三大殿的全局而论,则自午门以北、乾清门以南实际上也是一个大庭院,只是其内部更划分为四进而已。尤其值得一提的是,将三大殿前后并列在高大洁白的"工"字形石陛上,在色彩、体量两方面烘托出三大殿至高无上的权威,是古代宫殿单体建筑中一个成功的范例。但明代时,奉天、谨身两殿的左右各有斜廊通向两侧廊庑,如此则空间穿透,感觉开朗;至清康熙时重建太和殿,为严密保卫,以墙垣代替斜廊,艺术效果有所逊色。

太和殿俗称金銮殿,位于故宫的中心之中心部位,三大殿之最前列,反映了王权、政权的核心之所在。太和殿肇建于明永乐十八年(1420),初名奉天殿,嘉靖四十一年(1562)改称皇极殿,清顺治二年(1645)始改今名。现存建筑为康熙三十四年(1695)重建,坐落在高达8米余的汉白玉雕栏须弥座台基上,台基四周矗立成排的云龙、云凤望柱,有万笏朝天之势。前后备有三座石陛,中间石陛用巨大的石料雕刻有蟠龙、衬托以流云海浪的"御路",御路两侧即为官员上下的踏跺。太和殿殿面开阔,明代时为九间,清代改为十一间,但总尺度不变,约64米,进深五间,约37米,高约27米,重檐庑殿顶,庄重的造型,宏伟的体量,具有故宫主殿所应有的崇高、大壮的形象,与明长陵棱恩殿并列为我国现存最大的木构建筑。殿内七十二柱,排列规整而无抽减,相比于宋辽建筑按室内活动面积需要抽减或改变内柱位置的做法，气魄有余而巧思稍逊。斗拱下檐为单杪重昂九踩，上檐为单杪三昂十一踩，属于最高的礼制规格，唯比例稍嫌纤小，其高还不及柱高的六分之一。当心间补间铺作增至八朵之多，梁袱断面近乎正方形，阑额既厚且大，其下辅以由额，其上仅承托补间铺作一列，在用材上颇不经济。但殿内外木材均施彩画，堆金沥粉的柱子，和玺彩画的额枋，繁缛精致的蟠龙藻井，莫不金碧辉煌，极其庄严华丽。太和殿用于朝廷最高级的仪式，如登极、冬至朝会、庆寿、颁诏等。因此，不仅殿前有宽阔的月台，台基下还有三万多平方米的广场，可容万人聚集并陈列各色仪仗。月台上置铜龟、铜鹤、日晷、嘉量等。皇宫屋顶一律用黄琉璃瓦，此为明代开始的规制。红墙黄瓦，反射出阳光的璀璨，在蓝天白云下，这种大面积原色所产生的强烈对比，使大殿的总体审美效果更为突出。站在广场上瞻仰大殿，或站在月台上俯视广场，缅想群臣匍匐、三呼万岁的情景，不由人心潮沸腾，难以自已。

中和殿在太和殿之后，位于"工"字形台阶的腰节处，肇建于明永乐十八年(1420)，初名华盖殿，嘉靖时改中极殿，清顺治二年(1645)改为今名。现存建筑可能为顺治七年(1650)重建。该殿平面呈正方形，方三间，单檐攒尖顶，其实是一座方形的大亭子，相比于太和殿，体量甚小。斗拱单杪双昂，当心间用补间铺作六朵，四面无壁，各面均安装格子门及槛窗。此殿实际上是皇帝大朝前的休息处，每遇朝会之典，先在此升座，受内阁大臣及礼部等官员的参礼，然后出御太和殿，因此其威仪自然难以与太和殿相提并论了。

保和殿在中和殿之后，明永乐十八年(1420)肇建，原名谨身殿，嘉靖时改建极殿，后毁于火灾，万历四十三年(1615)重建。明末李自成攻入北京，焚烧紫禁城宫阙，建极殿得以幸免，入清后改今名。殿面开阔九间，进深五间，重檐歇山顶，在规格上次于太和殿，原是皇帝宴请王公贵族和文武大臣的场所，乾隆后期则用于殿试进士。此殿建筑系三大殿中保存较完整的明代建筑,但斗拱纤小,当心间补间铺作多至八朵,或与乾隆时重修有关。

体仁阁和弘义阁,分别位于太和殿广场的左右两厢,均为九间两层的木构建筑,下层周以腰檐,上层为单檐庑殿顶,平坐之上周立擎檐柱,也有相当的气派。

太和门的结构,与重檐歇山顶的大殿无异,所异者仅在前后不作墙壁格子门,而在内柱间安板门而已。其位置正对太和殿,所以虽称为"门",但其气派实在体仁、弘义两阁之上。

金水桥位于太和门广场前,共五座,单孔拱券式,秀美的造型雕镂,与雄伟壮观的午门城楼和金碧辉煌的太和门相映衬,十分引人入胜。

午门立于"凵"形平台上,中部辟方门三道,台上木构门楼,由中部九间、四角方亭各五间及东西庑各十三间并正楼两侧庑各三间合成,整体气象雄伟,令人肃然。乾隆时平定准噶尔部曾御此楼受献俘礼。

三大殿庭院廊屋之外的东西侧,为文华、武英两殿,均由殿门、廊庑、"工"字形殿身组成,单檐歇山顶,等级低下,形体亦较卑小。文华殿原为太子读书处,初用绿琉璃瓦剪顶,嘉靖时改为黄琉璃瓦,成为皇帝召见翰林学士、举行经筵讲学典礼之处,乾隆三十九年(1774)为《四库全书》建藏书楼文渊阁即置于殿北。阁仿宁波天一阁形制,外观两层,上下层之间又加暗层。其平面于五间之两端另加一间安扶梯,遂为六间,以应《易·大衍》郑注"天一生水,地六承之"之义。下层前后有走廊腰檐,上层一排栏窗立在下层博脊之上,样式与天一阁大体相同,但整体比例及大木结构则为工部做法则例的官式方法。屋顶不用硬山而用歇山,与仿制范样相去甚远,反映了宫殿建筑的大壮特点,与民间建筑的朴素平淡不同。色彩用青绿冷色,绿剪边黑琉璃瓦,是宫内极少数不用黄琉璃瓦的建筑之一。文华殿建筑群与三大殿相比,虽体量较小,但尺度合于实用,环境清幽雅致,没有索漠威压之感。武英殿用于召见大臣,商谈政务。李自成的大顺朝,一度在此视政。清康熙以后,则在此设铜活字印书场所,所刊印的书籍称为"殿本"。殿前有南薰殿,为明代遗构,小而精美,内檐彩画绚丽,为清太和殿彩画所无法比拟。殿内庋藏历代帝王和名臣、名贤像。

(二)后三宫及内廷诸建筑

位于中轴线上的乾清宫、交泰殿、坤宁宫合称后三宫,三宫两侧复翼以十二宫。这一制度仿自明初,所谓乾清、坤宁,法象天地,东西辟门,以象日月,左右列永巷二,每一永巷,以次列三宫,布为十二宫,则象十二辰。

乾清宫为皇帝寝宫,在内廷的最前面,正对乾清门。肇建于明永乐十八年(1420),清嘉庆三年(1798)重修。面阔七间,重檐庑殿顶,其前乾清门用八字门墙,鎏金铜狮,类似府第制度而宏丽过之。这一组建筑群的尺度在后三宫中为最大,但相比于前三殿,则减小甚多。坤宁宫在后三宫的最后,明永乐十八年(1420)肇建,清顺治十二年(1655)重建。明时为皇后寝宫,因崇祯皇帝的皇后在李自成攻破北京后吊死于此,清代后一度改为祭神的场所。宫旁的东暖阁为皇帝大婚的洞房,康熙、同治、光绪三帝均在此举行婚礼。明初,乾清、坤宁两宫之间连以长廊,呈"工"字形,嘉靖间在腰节处改建交泰殿,遂使地位局促逼仄,很不相称。现存交泰殿为清嘉庆三年(1798)重建,平面呈方形,黄琉璃瓦四角攒尖顶,清代册封皇后和庆贺皇后诞辰的仪式都在此举行。

后三宫之外,内廷的重要建筑还有养心殿,在乾清宫墙外西南,建于明代,清雍正时重修,为皇帝居住并进行日常政务活动的场所。储秀宫,在西六宫内,与翊坤宫、体元殿组成一个院落,是明清两代后妃的居处之所。雨华阁则为宫内供奉佛像的代表性殿阁之一,三层,平面呈正方形,南端另出抱厦,遂成长方形,阁的各层檐不用斗拱,屋顶覆金瓦,共形制特殊,为前代所无,可以看出受西藏喇嘛教建筑的影响。此外还有乐寿堂、皇极殿、奉先殿、景阳宫、永和宫、延禧宫、钟粹宫、承乾宫、诚肃殿、斋宫、景仁宫、翊坤宫、永寿宫、咸福宫、长春宫、体元殿、慈宁宫、英华殿、寿安宫、钦安殿等等，不一而足。

后三宫及内廷的建筑相比于三大殿及外朝，明显的区别在于尺度较小，空间较紧凑，但在花木山石自然氛围的营造方面则胜于三大殿，尤其是御花园和乾隆花园，更有江南园林的特色，似乎在黄钟大吕的交响乐章中配合了一曲清幽婉约的和音。

需要加以说明的是，按照礼仪的制度，内廷为皇帝后妃的生活区，外臣不能擅入。但乾清宫后来也成为听政或讲读的场所，常有外臣出入。清代时，更以西六宫前的养心殿为处理日常政务之所，在西六宫前设军机处，军机大臣在此候召和办事，只有隆重的典礼才在太和殿举行。因此，各区、各殿的性质和作用，常常因时因事而异，并非全部照搬礼制的规定。

四、艺术成就

作为现存规模最大、保存最完整、气魄最宏伟的中国古代宫殿建筑群，北京故宫的建筑艺术成就是多方面的，具体可以概括为如下四点：

（一）秩序井然

中国古代的礼制秩序，发展到明清形成一整套完整而严密的典章制度，宫殿建筑作为封建礼制的空间形式，自然亦日趋井然，尤以故宫为典范。虽然古代的大建筑群无论宫殿、陵寝还是寺庙、府邸，凡属官式做法，基本上都采用沿轴线南北纵深发展、左右对称布置的布局方式，但像北京故宫这样中轴与城市中轴相重合的例子，却十分罕见，这样一来，便使建筑的地位更加突出，同时也就使王权的地位更加突出。在轴线上的建筑及其附属部分，采取严格对称的手法，主轴两侧次要轴线上的各建筑，则采取大体对称而细节灵活变通的手法。大的一正两厢包小的一正两厢，明的一正两厢间暗的一正两厢，这些都是按照礼制的要求作有序的处理。

轴线和对称是相辅相成的,无轴线即无对称,而无对称也无以形成轴线、突出中心,所以轴线和对称是居中为尊、左右为辅这一礼制思想的必然结果。对称向纵深发展,便形成轴线;各主要建筑串接在同一轴线上,便形成秩序井然森严、统一而有主次的整体格局,体现了大壮的审美特征。北京故宫的建筑,从中华门(明之大明门、清之大清门)到天安门、午门、端门、太和门、三大殿、乾清门、后三宫、钦安殿、神武门再到景山,轴线明确不移、秩序层层深入,其匠心堪称无与伦比,轴线两侧,紫禁城之外左祖右社,紫禁城之内左文华右武英、左协和右熙和、左体仁右弘义以及各种朝房(廊庑)、崇楼、翼门等等,无不严格对称,而东六宫、西六宫则大体对称,细节略有变化,其匠心同样堪称无与伦比。一般来说,轴线对称的井然秩序,在审美上容易给人以单调之感。而故宫的成就正在于以其单调体现了大手笔的完整形态和雄伟气魄,绝无琐碎堆砌之弊和谨小慎微的小家子气,正所谓"天子以四海为家,非令壮丽亡以重威,且亡令后世有以加也"。

(二) 变化有致

虽然故宫建筑的整体构思以单调为匠心,但在具体的空间处理,包括各单体建筑的形体、尺度对比方面,又是疏密错落、变化有致的。这种变化的成功之处,在于它并不冲淡甚或破坏礼制的井然秩序,而是进一步加强了礼制的井然秩序,正如轴线与对称的相辅相成,秩序井然与变化有致同样也是相辅相成的,它使得井然的秩序显得有前奏、有高潮、有低谷、有尾声,所谓"文武之道,一张一弛"。

以一正两厢的建筑围合成庭院的闭合空间作为一个单元,若干个庭院组合成一个大的建筑群,各个庭院的空间尺度各有大小的变化以产生不同的氛围,是传统建筑布局的又一特色。北京故宫从中华门至太和殿,先后通过五座门、六个闭合空间,总长约 1 700 米,其间有三处高潮:天安门、午门、太和殿。进入中华门，是狭长逼仄的千步廊空间；出千步廊，是横向展开、广阔开旷的天安门广场，迎面矗立着高大的天安门城楼，对比效果十分强烈，天安门前有金水桥和华表、石狮等点缀，鲜明地衬托出暗红的门楼基座，蓝天白云下黄琉璃瓦反射着阳光，有一种超凡入圣之感，形成第一处激荡人心的高潮。进入天安门，与端门之间是一个短促逼仄的较小空间，顿为收敛；过端门，是一个纵深而封闭的空间，心情进一步收敛，尽端是庄严的午门，一种肃杀压抑的气氛构成第二处高潮，并与第一处高潮形成对比。午门与太和门之间又变为横向的广庭，舒展而开旷，并有金水渠萦带其中，使人心情稍稍有所松弛，但迎面太和门金楼玉阙，皇家威仪祥云初现，又令人稍稍有所振奋。经太和门入太和殿前广场，空间一畅，正前方汉白玉须弥座台基上凌驾着巍峨崇高的太和殿，宏伟庄严，皇家威仪睥睨一切，形成第三个高潮。前朝之外，内廷诸建筑的庭院空间亦无不大小错落、变化有致，虽然各空间都为单调的一正两厢之布局，却使人不感单调重复，细寻其中的礼制秩序，更令人玩味无穷。

就单体建筑而言，各主要建筑尺度高大，次要建筑则按级降低，尺度缩小，或有台基，或无台基，或台基高，或台基矮，无不合于礼制的要求。开间数，最高为九间（清代太和殿改为十一间，非旧制），以下依次为七间、五间、三间。屋顶形式，最高为重檐庑殿顶，以下依次为重檐歇山顶、重檐攒尖顶、单檐庑殿顶、单檐歇山顶、单檐攒尖顶、悬山顶、硬山顶。尺度、形体表现出等级的秩序，目的是突出主体建筑和皇家威仪，但从审美的角度，高低错落，起伏开阖，使单调森严的紫禁城宫阙饶于变化对比，反映出古代宫殿建筑的高度成就。

（三）装饰华丽

在封建社会里，对于建筑的装饰彩画亦有严格的等级规定，所用色彩以黄为至尊，以下依次为赤、绿、青、蓝、黑、灰。宫殿用金、黄、赤色调，民居只能用黑、灰、白色调。故宫建筑一律以黄瓦红墙碧绘为标准色调,只有极少数用绿瓦的,其更庄重者则衬以洁白的汉白玉阶陛。九重宫阙,千宇万栋,凡目之所及,无不如此。从礼教的角度来看,整齐森肃,气象雄伟,自具至高无上的尊严;而从审美的角度来看,强烈的原色调建筑群,以无垠的蓝天白云和广大北京城的灰色调为背景,显得分外鲜明。装饰彩画以龙凤为最贵,其次是锦缎几何纹样,花卉、风景则用于内廷的庭园建筑。彩画的等级还以用金的多少来分,以和玺(合细)为最贵,其次是金琢墨石碾玉、烟琢墨石碾玉、金线大点金、墨线大点金、墨线小点金、鸦伍墨等,雄黄玉、苏式包袱彩画则用于内廷庭园。如此雕梁画栋,龙飞凤舞,此外还有脊饰的运用、栏柱的镂刻等等,使得故宫建筑的装饰之华丽,郁郁乎臻于极盛。在一般的美术创作中,尤其是在以传统文人平淡天真为理想审美境界的美术创作中,黄色和赤色,蟠龙和翔凤,往往被视为俗不可耐,然而大面积的黄色和赤色,大手笔的蟠龙和翔凤,在如此庞大的宫殿建筑群中被反复地运用,这是何等辉煌、灿烂、华丽、堂皇的大壮之美!

(四) 技术先进

建筑艺术是一门技术性很强的造型艺术,故宫建筑所达到的高度艺术成就,当然是与其先进的技术设施不可或分的。在 72 万多平方米的紫禁城中,有河道 12 000 米左右,供防卫、防火、排水之用;完整的沟渠系统,既是审美空间布局的需要,同时也合理地组织了各广庭的地面水能顺利地排入金水渠最后入护城河;排水坡度适当,使得全城无积涝之患。此外,宫中还凿有水井,置有蓄水缸等,供防火、用水之需。廊庑处每若干间设砖砌防火墙,屋顶用锡背,也有效地起到了防火的作用。多数寝宫自明代起便设有火道地坑,其做法是在地下砌火道,室外台基边开口设烧炭处,热空气进入分火道使室内升温,达到取暖御寒的目的。建筑故宫的材料来自全国,要求严格,质量甚高,如川滇的优质楠木、苏州的"金砖"、安徽的陶土、江南的彩画颜料等。这一切技术设施,即使在科学昌明的今天,也是属于先进的,不仅保证了这座伟大宫殿建筑群的顺利竣工,而且保证了它得以完整地保存至今。

附：
其他宫殿

中国古代的宫殿建筑，大多已经灰飞烟灭，完整保存至今的，除明清
北京故宫之外，还有沈阳故宫以及北京颐和园、承德避暑山庄中的一些宫
殿实物。至于各地的坛庙、寺观建筑中，多有采用官式宫殿做法的遗存，
原则上属于宗教性质的建筑，具体不在本书中论析。不过，北京的一些皇
家坛庙，虽然也是用于祭祀，却有别于一般的地方宗教建筑，故附于此一
并介绍。

一、沈阳故宫

沈阳故宫位于辽宁省沈阳市旧城的中心，为清初皇宫，名盛京宫阙，
清入关后改称奉天行宫。始建于后金天命十年(1625)，清崇德元年
(1636)基本建成，顺治元年(1644)，清世祖在此即位，至乾隆、嘉庆时，又
有所增建，遂成今天的规模。沈阳故宫共占地六万多平方米，有屋宇三百
余间，一正两厢，组成十多个院落。四周围以高墙，南面正中为大清门，全
部建筑分三大部分。

中路属大内宫殿，院落三进，在同一中轴线上，每进左右对称。前院
最为开阔，入大清门，左右有飞龙、翔凤阁及东、西七间楼，迎面为崇政殿，
通称正殿，建于后金天聪六年(1632)之前，崇德元年(1636)改为今名，俗
称金銮殿，为五间九檩硬山式。殿周壁俱辟桶扇门，前后有出廊，围以石

雕栏杆。殿顶覆黄琉璃瓦镶绿剪边,墀头、硬山博风板及正垂脊筒皆饰五彩琉璃,稍破硬山顶的素朴而增其华丽之感。殿内彻上明造,椽间满绘飞云流水,梁架全为和玺彩画,明间两个金龙蟠柱之间置贴金雕龙扇面大屏风及宝座,亦有皇家威仪,但相比于北京故宫太和殿,自有上下床之别。殿前丹墀宽阔,乾隆时于东西增建大理石雕日晷、嘉量。此殿为皇太极日常处理军政要务并接见外交使臣之所,天聪十年(1636)后金改国号为清的大典也在此举行。入关后历朝皇帝东巡,都在此临朝听政。崇政殿后为中院,东有师善斋和日华楼,西有协中斋和霞绮楼,迎面的凤凰楼则为后院的门楼。中院较为简陋,实为一个过院。而以凤凰楼为门楼的后院,则把中路建筑引入一个新的高潮。后院为内宫,筑于3.8米的高台上,前面的凤凰楼原名翔凤楼,是皇帝计划军政大事和宴会之所,楼三层,高耸于台基上,深广各三间,四周有围廊,三滴水歇山顶覆黄琉璃瓦,三层梁架彻上明造,椽间和玺彩画,底层是通往后院的过道。此楼是当时盛京城内最高建筑,"风楼晓日"被誉为盛京八景之一。过凤凰楼即进入后进院落,左右有关睢、永福、麟趾、衍庆四宫和其他配宫,均为嫔妃的寝宫,迎面清宁宫为后院主要建筑。清宁宫原称正宫,后金天命十年(1625)前后修建,坐落于3.8米高的台基上,五间十一檩硬山式,东间为帝后寝宫,西四间为祭祀的神堂。其建筑特色在于较多地保留了满族的居住生活和信仰习俗;而花脊上的龙凤纹五彩琉璃装饰则雕刻彩画,俱臻上乘。中路轴线的东西两侧复以大体对称、局部不对称的方式建有颐和殿、介祉宫、敬典阁和迪光殿、保极宫、继思斋、崇谟阁,组成森严有序的政治生活空间。

东路以大政殿为中心,前列两翼方亭,左右各五,后为銮驾库。这一路面积与中路大体相仿,而建筑物较少,所以空间倍觉开旷,用于举行朝廷的大典。大政殿原称大殿,建于清太祖时,崇德元年(1636)定名笃恭殿,康熙后改今名。为八角重檐攒尖顶,实际上是一个大亭子。下承须弥座台基,周围青石雕栏,四面出踏跺。殿身八面均为斧头眼式槅扇门,正门前雕双金龙蟠柱；内为彻上明造，斗拱、藻井、天花极其精致；殿顶黄琉璃瓦五彩脊，中央宝瓶火焰珠攒尖。殿前纵 195 米、横 80 米的空地上建有十王亭，其建筑空间布局完全是出于八旗制度的需要，是沈阳故宫独有的特色。嘉庆帝曾有诗云："大政据当时，十亭两翼张；八旗皆世胄，一室汇宗潢。"

西路以文溯阁为中心，前有戏台、嘉荫堂，沈阳故宫大政殿正面后有仰熙斋。阁建于乾隆四十七年(1782)，专作庋藏《四库全书》之用，也是皇帝东巡时读书看戏的地方。建筑形式仿宁波天一阁，六间二楼三层重檐硬山顶，黑琉璃瓦绿剪边，前后出廊，廊檐均饰绿色地仗，作风较为素雅。阁内悬乾隆皇帝所书对联："古今并入含茹，万象沧溟探大本；礼乐仰承基绪，三江天汉导洪澜。"

综观沈阳故宫，楼阁耸立，殿宇轩昂，雕梁画栋，虽规模不逮北京紫禁城，亦不失为皇家气象的一个缩影。而浓郁的地方民族特色，则是满、汉两族文化交流反映在建筑方面的一个重要成果。

二、颐和园和避暑山庄中的宫殿

颐和园在北京海淀区距城约 15 千米处，是中国古代著名的苑囿之一，历金、明至清乾隆十五年(1750)达于极盛，咸丰十年(1860)为英法联军焚毁，光绪十四年(1888)慈禧太后挪用海军经费重建，作为避暑游乐之地，而事实上晚清的许多政治活动也多在此举行。所以，园中除园林建筑之外，亦有部分宫殿建筑集中于东宫门内万寿山的东部。其中，仁寿殿坐西面东，面阔九间，两侧有配殿，前有仁寿门，门外为南北九卿房，构成颐和园内的政治活动中心区域，慈禧、光绪曾多次在此召见群臣、处理朝政、接待外国使臣。乐寿堂是慈禧的寝宫，面临昆明湖，堂前有船码头，堂内西套间为卧室，东套间为更衣室，中间设有宝座、御案、掌扇、屏风等，宝座前置青花瓷大果盘和四只镀金九桃大铜炉，均为慈禧生前原物。堂阶两侧对称排列铜铸鹿、鹤、大瓶,谐音"六合太平";庭院中栽植玉兰、海棠、牡丹等名贵花木,取"玉堂富贵"之意。德和园则由颐乐殿和大戏楼组成,是专供慈禧看戏的地方。大戏楼系专为庆贺慈禧六十寿辰而建,翘角重檐三层,高 21 米,底层舞台宽 17 米,舞台底部有水井、水池,可设置水法布景,是当时国内最大的戏楼。这一片建筑群,平面布局严谨,采用对称和封闭的院落组合,装修华丽堂皇,属于宫廷格局而无园林气息,仅屋顶多用灰瓦卷棚顶,庭中点缀少量花太假山,以之与大内宫殿稍有区别。

避暑山庄位于河北承德北郊热河泉源处,是清代统治者为笼络蒙藏贵族和避暑游豫而建的一处离宫别苑。初建于康熙年间,乾隆时又加以扩建,遂成今天的规模。其中,居住朝会用的宫室建筑分布于山庄的南面,正门向南,内即若干组四合庭院组成的建筑群。比较重要的如淡泊敬诚殿一路、松鹤斋一路、清音阁一路和万壑松风殿一路等。淡泊敬诚殿是避暑山庄的正殿,殿前有外、内午门,朝房、乐亭,殿后有四知书房、寝宫等建筑。殿建于康熙四十九年(1710)、乾隆十九年(1754)全部用楠木改修,所以又称楠木殿,窗扉、桶扇、平棋皆精雕万字、寿字、蝙蝠、卷草等图案,美轮美奂,令人叹为观止。清帝每年万寿节或举行庆祝大典时,多在此接见国内各民族首领、朝廷王公大臣和外国使节。其后寝宫名"烟波致爽",面阔七间,建筑高敞,室内装修布置亦精巧富丽。万壑松风建于康熙四十七年(1708),是避暑山庄宫篏区最早的一组建筑群,包括万壑松风、鉴始斋、静佳室、颐和书房、蓬阆咸映等建筑,据岗背湖,布局灵活,略具江南园林的风韵,因其周围有古松数百而得名。原为康熙帝批阅奏章、召见百官和眺望湖光山色的场所;乾隆帝少年时亦常在此聆听祖训,即位后改名为纪恩堂。与颐和园宫殿相似,这里的宫室殿宇也多用卷棚屋顶、穿筒板瓦,不施琉璃,风格较大内宫殿淡雅,庶几符合"山庄"之义。

三、天坛、太庙和社稷坛

君权神授,是历代的封建帝王都不遗余力地加以大肆渲染的一个礼教思想,因此而在建筑史上留下了大量带有祭祀性质的宫殿建筑,尤以祭天的天坛、祭祖的太庙和祭地的社稷坛最为习见。迄今所存,以北京的天坛、太庙和社稷坛为典型。

(一) 天坛

北京天坛的位置,元代大都时已设定;明初都南京,建大祀殿,实行天地合祭;永乐后迁都北京,仍因南京之旧。但南京大祀殿为矩形平面,北京祈年殿改为圆形,三重檐,上檐青色象天,中檐黄色象地,下檐绿色象万物;嘉靖时改大祀殿为祈谷坛,降为雩祭之所,另设圜丘为祭天之坛,又在城北增设地坛,实行天地分祭,并建朝日坛、夕月坛祭日月。清乾隆时,改建天坛,加大圜丘尺寸,重新雕琢全部地面、台基和栏杆石作,祈谷坛易名祈年殿,三重檐不同色改为统一的青色。这一改造,使得天坛和祈年殿获得统一纯净的色调,显得更加庄重鲜明;现存的祈年殿,则是遭雷击后于光绪十六年(1890)重建的。

天坛四面墙垣,东西1 700米,南北1 600米,西面辟门,余皆不设门,共有垣两重,垣内满植柏树。内垣北圆南方,分两组祭坛:郊天的圜丘和雩祭的祈年殿。两组各有附属建筑物。此外,还有一组斋宫,供皇帝祭天前居住持斋之用,分内外两层,外环为卫队居住,内环才是皇帝的斋宫,正殿为砖结构无梁殿。

祈年殿的形制,平面正圆形,上为三重檐圆形攒尖顶,外檐十二根,以合符古代最隆重的宫殿祭祀建筑明堂的十二应一周之数。殿立于三层汉白玉须弥座台基上,底层直径90米,殿身高38米,柱枋桶扇朱红色,三重屋顶琉璃瓦青色,顶尖以鎏金宝顶结束,檐下彩绘金碧辉煌。整个建筑,色调寓绚丽于沉静,造型寓典雅于庄重。其南为祈年门,从门外望祈年殿,恰好在由明间柱额雀替所形成的景框中,剪裁适度,可见两者之间的距离是依循构图的原则而设计。祈年殿庭院内的地面比院外提高4米多,加上三层台基,高出垣外地面10米以上。这个高度,使我们在穿过参天古柏林后,抬头仰望,有超凡入圣之感,给人一种祈天时所应有的静谧肃穆的空间心理氛围。

由祈年殿往南,是高出地面4米的砖筑甬路,宽30米,长400米,平坦如砥,直抵圜丘一组建筑。圜丘是祭天之所,是一切皇家祭祀中最高的一级,现存建筑为乾隆时重建,坛三层,上层直径26米,底层55米,用汉白玉中最高级的艾叶青铺面砌石,精工细作而成。四周绕以平面圆形和方形的矮墙各一重,高仅1米余,墙内空阔不植树,墙外则浓荫密翠,以此造成隔绝的空间。圜丘的附属建筑中,以存放"昊天上帝"牌位的皇穹宇最为优秀,周围包绕直径63米的高大墙垣,磨砖对缝镶砌,浑圆无接痕,而壁能回音,工艺之精致细腻,世所罕见。皇穹宇耸立于墙垣围成的圆心偏北,高约20米,单檐圆攒尖顶,体型比例合度;色彩上为青琉璃瓦鎏金宝顶,中为朱红棍槅柱枋,下为洁白的石雕台基栏杆,内檐饰以绚丽的彩画。且一如祈年门之于祈年殿,皇穹宇的入口砖砌拱门,亦成一绝妙的框景。

(二) 太庙

太庙为帝王祭祀祖先的宗庙,历代宫殿建筑,以左祖右社为礼制,更使太庙(祖)成为宫殿建筑的有机组成部分。现存北京太庙位于紫禁城前出端门的东侧,基本上为明嘉靖年间重建规模。垣墙外满布古柏,造成肃穆的气氛;进入戟门则庭院空敞,与垣外形成对比。太庙全区占地16.5万平方米,厚重的垣墙高达9米,形成很强的封闭性和神秘性。南墙正中辟券门三道,用琉璃镶贴;下为白石须弥座,凸出墙面,线脚丰富。入门小河一道萦带,河面跨小桥五座;再北即为戟门,五间单檐庑殿顶,屋角平缓,翼角舒展,为明代规制。过戟门广庭开阔,北上即太庙正殿,明代时面阔九间,清代改为十一间,重檐庑殿顶,与太和殿同一等级但尺度稍减。殿内利用黄色檀香木粉涂饰,色调淡雅,芳香四溢;祭祀时,皇帝祖先牌位置于龙椅上,以西为上,分昭穆而列。殿后为寝宫,供平日存放牌位;寝宫以北,用墙垣隔出一区为祧庙。正殿前,东西庑陈列功臣牌位,祭祀时用作陪祀。

(三)社稷坛

社稷为土地之神,具体而论,则以社为五土神,东方青土,南方赤土,西方白土,北方黑土,中央黄土,五种颜色的土覆于坛面,用以象征国土;稷为五土神中特指原隰之祇,即能生长五谷的土地神祇,亦即农业之神。社稷的祭礼,反映了我国古代以农立国的社会性质,礼制左祖右社,将社稷坛安排在宫殿前的右方,可见其在宫殿建筑中的地位。现存北京社稷坛位于紫禁城前出端门的西侧,与太庙相对称,为明初永乐迁都时所建。整个坛区,占地23万平方米,比太庙为大,坛本身的范围之外也遍植松柏,四季常青,营造出肃穆的氛围。坛为方形,周围矮墙亦方形。坛二层,高皇穹宇五尺,上层五丈见方,下层五丈三尺见方,坛面依方位铺五色土,矮墙四面也依方位各用其色。祭祀时由北面南设祭,和天坛、太庙相反,因此,享殿、拜殿在北,正门也在北,神厨等附属建筑则在西棂星门之外。其中,享殿用楠木整料构筑而成,榫卯精密,整个殿身尺度合宜,彻上露明造,梁架一览无遗,具有极高的建筑艺术价值。

(四)其他皇家礼制建筑

除天坛、太庙、社稷坛外,在北京还遗存有多处明清皇家祭祀的宫殿建筑群,举其要者如安定门内的孔庙、安定门外的地坛、阜成门内的历代帝王庙、阜成门外的月坛、永定门大街的先农坛、朝阳门外的日坛等等;还有安定门内作为国家最高学府的国子监、南池子大街作为皇家档案库的皇史宸等等,无不以服务并体认统治者的礼教需要为共同前提,以官式做法为基本准则,而围绕各个不同的功能性质加以灵活变通,极大地丰富了古代宫殿建筑的表现手法,成为中国建筑史上的珍贵遗产。

04 第四讲
地下王宫

建筑不仅是人类"生"的生活空间,在中国古代,由于受生死一体化的观念支配,它同时也作为"死"的生活空间。当然,生与死是两个不同的世界,因此,作为生的生活空间之建筑与作为死的生活空间之建筑,尽管两者有不少相通之处,毕竟又存在着许多大的相异之点。古人视死如视生,尤以帝王为甚。他们活在世上时享尽了人间的荣华富贵,希望依然死后占有生前所拥有过的一切,于是盛行厚葬,客观上致使陵寝建筑取得高度成就。如果说他们的宫殿建筑作为人间天堂,只是标举了作为生的生活空间之建筑的最高典范,而不能取代其他建筑如宗教建筑、园林建筑、民居建筑等的成就;那么他们的陵寝建筑作为地下王宫,可以说囊括了作为死的生活空间之建筑的全部精华,其他如王公、达官、富商、巨贾的墓葬建筑,无论怎样隆厚,都是无法与帝王的陵寝相比拟的,庶民百姓就更望尘莫及了。

一、中国陵寝建筑的发生和发展

　　远古时代的殡葬颇为简易,据《易·系辞下》记载,仅"厚衣之以薪,葬之中野,不封不树",无坟丘的建制。当时对于生死一体化的厚葬观念,主要在于殉葬品的多寡而不在建筑物的设置。至战国时期,具有建筑形态的帝王陵墓开始出现,但规模仍不大。

　　秦始皇统一六国,建立起中央集权的专制王朝,与至高无上的皇权相适应,在大兴供生前物质、精神生活所需的宫殿建筑的同时,也开创了供死后物质、精神生活所需的陵寝建筑之先例。在规制和布局方面,均达到宏大的规模和严格的匠心。秦始皇的陵园建于骊山脚下,仿照咸阳都城而设计,分内外两城,外城周长 6.3 千米,内城周长 2.5 千米,城内建陵冢、寝殿、便殿等建筑物。根据古代"夫西方,长老之地,尊者之位也,尊长在西,卑幼在东"和"西南隅之奥,尊长之处"的礼制,寝殿建在西北处,陵冢建在西南处,坐西面东,封土为之,平面方形,边长 350 米,向上收分,原高120 米,现高 76 米。封土下的地宫象征咸阳皇城,并有天地山川星辰日月之象。陵园东门外三里处,另开兵马俑坑作为侍卫。此陵规模之大,为迄今所知世界陵墓之最,共发动刑徒七十二万人与咸阳宫殿同步营造,历时37 年,至秦始皇去世才草草收场。不久项羽入关,将地面建筑尽付一炬,对陵寝建筑也进行了破坏。今天,其地宫虽尚未发掘,但从已发掘的几个兵马俑坑来看,一种非凡的气势具有令人震慑的威力,显示出古代陵寝建筑所特有的审美风格。

汉承秦制,故陵寝的建筑格局一如秦陵。地宫上以封土堆作陵冢,形如方锥而截去上部,称为方上。旁建寝殿,设东西阶厢和神座,另有便殿;但规模较秦为小,封土堆也比较低矮,如汉高祖刘邦的长陵,城周 3.5 千米,冢高 32 米。此外,还废弃了从前的杀殉制度,实行帝后合葬和功臣贵戚陪葬制。合葬墓以帝陵居西,后陵居东,帝陵规模略大于后陵;陪葬墓则依死者的身份级别按大小作规则有序的排列,为帝陵起到拱卫的作用。另一较有特色的创意,是在陵园外设宗庙,在陵园附近建陵邑,以加强中央集权对于分封诸国宗姓的联系和控制。

西汉十一陵,除文帝霸陵、宣帝杜陵外,都建于渭河北岸的咸阳岸上,初期以长陵为中心,昭穆为左右,系沿袭先秦以来的公墓制度;但从汉武帝茂陵起,不再按左昭右穆为序,反映了宗族关系的公墓制逐渐被中央集权的墓葬制度所取代。

东汉以后,在陵寝制度上的又一重大变化是将原先建于陵园之外的宗庙移置园内,遂使宗庙的地位更趋下降;为适应陵园中举行祭祀活动的需要,又在陵园建筑中增加了新的内容。如在陵冢前建祭殿,陵旁建悬挂大钟的钟虡以便祭祀时鸣钟等等。目的是加强王室与公卿百官的联系。陵园四周建筑也与西汉相异,不筑垣墙,改用"行马",通往陵冢的神道两旁还列置成对石兽,开创了后世陵寝建筑神道石像生建制的先例,进一步显示出皇权的至高无上。

东汉十二陵,今能确定准确位置的只有光武帝原陵,位于河南孟津县;其他各陵,据文献记载,或在洛阳城之东南,或在西北。东汉国力不及西汉,从陵寝建筑的规模来看,亦可见一斑。

汉代陵寝,今天大多已荒芜。但从茂陵陪葬墓霍去病墓地表的石雕,如"马踏匈奴""跃马""伏虎""卧象""野猪"等作品,足以窥见当年"大风起兮云飞扬"的气势非凡。而从其他汉墓出土的画像砖、画像石、壁画等,又可以想象这些帝王陵寝地宫中的图画装饰是何等的惊人心魄!

魏晋时期因战乱的动荡、经济的凋敝,统治者已没有能力营造规模宏大的陵园。礼教的崩坏,又动摇了生死一体化的价值观念,如王羲之《兰亭序》中便慨叹说:"一死生为虚诞。"同时,由于前代的陵寝厚葬之风,几乎都导致了被盗掘破坏的后果,如汉武帝入葬茂陵后四年,地宫中随葬的玉箱、玉杖等珍宝便已流散民间,西汉末年赤眉军攻入长安,破茂陵取珍宝异玩,数日犹不能尽;光武帝的原陵,更多次被盗;初平元年(190),董卓使吕布发诸帝陵,收得珍宝无数,西晋张载《七哀诗》中写道:

> 北芒何垒垒? 高陵有四五;借问谁家坟,
> 皆云汉世主。恭文遥相望,原陵郁芜芜;
> 季世丧乱起,贼盗如豺虎。毁坏过一抔,
> 便房起幽户;珠柙离玉体,珍宝见剽掳。

园寝化为墟，周围无遗堵；蒙茏荆棘生，

蹊径蹬童竖。狐兔窟其中，芜秽不复扫；

颓陇并垦发，明颖营农圃。昔为万乘君，

今为丘中土；感彼雍门言，凄怆哀今古。

所以，《三国志·魏书》记文帝曹丕说："自古及今未有不亡之国，亦无不掘之墓也。丧乱以来，汉氏诸陵无不发掘，至乃烧取玉匣、金缕，骸骨并尽，是焚如之刑也，岂不痛哉！祸由乎厚葬，封树桑霍，为我戒，不亦明乎？"在这样的形势下，三国、西晋的诸帝陵寝，多不封不树，不建寝殿，不设明器，不辟园邑神道，地表不留任何痕迹。

至鲜卑拓跋部统一北方，社会经济得到一定程度的复苏，于是逐渐恢复了秦汉以来的陵寝规制，如陵冢的封土堆、陵前的祭殿等；并因鲜卑族统治者笃信佛教，又在园中建置佛寺、斋室。与北朝对峙的南朝，社会经济的发达更优于北方，反映在陵寝建制上也表现出新的创意。大体上规模较大、布局规整，多依山建筑。一般在山上开凿长坑为墓室，然后填土夯平再起坟丘，墓室外四周修建多条撇土墙，室前建甬道，内设两重石门，室底并辟排水沟以防潮湿。整个地宫虽不及秦汉的荟珍萃宝，但也算得上豪华。中国古代的陵寝，最早时以封土为之，如秦汉诸陵多如此，唯有汉文帝霸陵是例外；至魏晋依山为陵，其用意主要在于防盗而设的"疑冢"；直到南朝，依山才成为陵寝的一个自觉建制，开唐陵之先声而与封土制前后并峙，揭开了陵寝史上新的一页。至于谒陵的制度及与之相适应的地面建筑、石像生等布置，基本上沿自东汉，只是由于国力的限制、江南地形不如中原的开阔，在景观上不是十分恢宏。但迄今屹立在江苏南京、丹阳一带风烟中的南朝诸王陵的墓表石雕，辟邪、石狮、麒麟、天禄等，凝重威严，犹令人想象当年的威仪。

隋文帝篡周灭陈统一中国，为经济文化的全面恢复和发展奠定了基础,同时也为陵寝制度的复兴提供了必要的精神和物质条件。如文帝的泰陵封土而成,高五丈,周数百步;但二世而亡,终于没有能够在这方面写下更大的手笔。然而,继隋而起的大唐,作为中国历史上的一个黄金时代,号称盛世,将近三百年的长治久安,创造了高度繁荣的物质、精神财富,从而在中国建筑史上,也揭开了新的一页。尤其是皇家建筑,无论宫殿建筑还是陵寝建筑,规模的宏大,气派的雄伟,均堪与汉代相媲美。

唐代共二十一帝二十陵(武则天与高宗合葬乾陵),除昭宗的和陵在河南洛阳、哀帝的温陵在山东菏泽外,其余都建在汉陵北隅陕西咸阳的二道原坂上,统称关中十八陵。其建制采用两种形式,一种继承秦汉封土为陵的办法,如高祖的献陵、德宗的崇陵、武宗的端陵;另一种则发展了魏晋、南朝因山为陵的办法,在天然山峰的中部开凿墓室,如太宗的昭陵,墓室建于九嵕的山南麓的半山腰间,兀峰巍峙,比封土为陵更显得雄伟壮观,此外如武则天和高宗的乾陵、中宗的定陵、睿宗的桥陵、玄宗的泰陵、肃宗的建陵、代宗的元陵、顺宗的丰陵、宪宗的景陵、穆宗的光陵、敬宗的庄陵、文宗的章陵、宣宗的贞陵、懿宗的简陵、熹宗的靖陵,均以因山为陵为规制。从封土为陵到因山为陵,是古代陵寝制度上的一个重大转折,它同时带动了其他一些制度的变化。特别从乾陵之后,陵寝制度更加完备并趋于固定化,不仅成为嗣后唐陵的典则,同时也为后世的历朝历代所遵循不移。中国古代的文物典章制度,汉启之在前,唐成之在后,不独陵寝建筑如此,其他一切概莫能外。具体而论,此时的陵园分为上下两宫,上宫即献殿,建在陵墓围墙的南门之内,正对山陵,是上陵朝拜和举行隆重祭祀仪式的场所;下宫也叫寝宫,为供奉墓主灵魂起居生活的场所,一般建在距陵墓五里左右的南方偏西处。陵室坐南面北,墓道通向其正中。地面建筑分内外两城,内为帝王陵墓,外筑围墙,称作神墙,四角各建一角楼,开四门,南曰朱雀,北曰玄武,东曰东华,西曰西华,四门前各有石狮一对。朱雀为陵园正门,有神道直达六里以外,两边排有石像生,计石翁仲十对,东文西武,石马五对,朱雀一对,飞马一对,华表一对。玄武门北立石马六对,号称六龙,象征帝王生前的内厩。

唐朝自太宗始,为笼络臣僚,对功臣密戚采用西汉的陪葬制,仅昭陵一处就有陪葬墓二百余座,数目之多,为历代陵寝所不及。同时,与汉代相比,唐代后妃的政治地位普遍下降,反映在陵寝制度上,皇后陪葬帝陵亦不单独起冢。

"安史之乱"以后,唐朝的政治经济形势每况愈下,由此影响到后期的陵寝建筑也大不如前。史载唐德宗即位后对代宗的元陵制度曾下诏:"务极优厚,当竭币藏奉用度。"大臣令狐垣谏曰:"臣读《汉书·刘向传》,见论王者陵之诫,良史称叹,万古芬芳。何者?圣贤之心,勤俭思务,必求诸道,不作无益。故舜葬苍梧,不变其肆,禹葬会稽,不改其列,周武葬于毕陌,无丘垄之处,汉文葬于霸陵,因山谷之势。禹非不忠也,启非不顺也,周公非不悌也,景帝非不孝也,其奉君亲,皆从微薄。昔宋文公始为厚葬,用蜃炭,益车马,其臣华元、乐举,《春秋》书为不臣。秦始皇葬骊山,鱼膏为灯烛,水银为江海,珍宝之藏,不可胜计,千载非之……由是观之,有德者葬逾薄,无德者葬逾厚,昭然可睹也。"德宗肃然:"卿闻见该通,识度弘远,深不可知,形于至言,援引古今,依据经礼,非唯中朕之病,抑亦成朕之躬,免朕获不子之名,皆卿之力。敢不闻义而徙,收之桑榆,奉以始终,期无失坠。"这段君臣关于厚葬、薄葬的对话,是中国陵寝制度史上一个长期论争的命题。事实上,陵寝规模的大小厚薄,主要并不在于它们本身的孰是孰非,而决定于国力的盛衰。当国运昌盛之际,作为王权的象征,隆盛的陵寝建制不仅是可行的,也是必要的,如汉武帝的茂陵、唐太宗的昭陵,均规模宏大,气魄雄伟,而不害其为明君;当国运衰微之际,陵寝建制的缩小,绝不是统治者出于节俭的考虑,而主要是因为缺乏必要的精神、物质条件所致,因此,即使草草薄葬,也不见得就此可以证明其不是昏庸之君。

唐代陵寝迄今大多未曾开挖,但地表多有保存完好者,尤以昭陵、乾陵为典型；即使表面已荒芜，而地表的石像生仍在。如石犀、石狮、天鹿、翼马、鸵鸟、侍臣、番酋等等，无不翘楚雄杰，有震慑人心的精神力量。昭陵墓前的"昭陵六骏"，以浮雕刻画唐太宗平定天下、征战对敌的六匹名马特勒骠、拳毛䯄、白蹄乌、什伐赤、青骓、飒露紫，矫健飞扬，万里横行，更是中国雕刻史上的不朽名作。遗憾的是这六块浮雕于 1914 年被外国人击碎，准备盗运海外，仅有四骏被陕西村民拦截下来，而飒露紫和拳毛䯄两件作品最终流失海外。此外，从乾陵陪葬墓懿德太子墓、永泰公主墓、章怀太子墓发掘所见的壁画，有仪仗、列戟、驯豹、架鹰、内侍、宫女、狩猎、礼宾等内容，无不雍容高华，神采飞扬，完美明快的线描，辉煌灿烂的色彩，一派盛唐气象，足以使人联想起陵寝地宫中的装饰是何等堂皇。

五代乱离，政权更迭频繁，不少皇帝死于非命，如后梁末帝自刎而死，其尸殡于佛寺，漆其首而函之，藏于太社；后唐庄宗为部下所戳杀，其尸为伶人收而焚之；后唐闵帝为从兄所杀，草葬于徽陵，封土仅数尺，几同庶民坟冢；后唐潞王篡位三年又为石敬瑭所败，登玄武楼自焚而死；如此等等，在陵寝制度上自然无所建树。

相比之下，偏安长江上下游的西蜀和南唐，政治较为安定，经济仍有发展，因此而能承汉唐的陵寝制度而不坠。但毕竟因为国力所限，在规模、气魄方面是不足以与汉唐的雄图大略相比的。如王建永陵发掘所得的王建坐像石雕、乐舞浮雕，李昇钦陵、李璟顺陵发掘所得的武士像浮雕等，形神的疲弱，艺术性的降格，不仅与汉唐，就是与南朝也不可同日而语了。

北宋结束了五代十国纷争割据的局面，天下归于一统，建立起高度集中的皇权，并以崇文抑武为国策，保证了社会的长期安定和经济的持续繁荣，又为传统陵寝制度的复兴准备了必要的物质条件。但崇文抑武的国策同时也造成了宋朝军事力量的薄弱，尤其在对辽、西夏、金的战事中，一再处于被动挨打的地位。赔款割地，屈膝求和，以至于靖康变乱，中原沦陷，这又必然影响到复兴起来的陵寝制度,在精神气魄方面不能不有所减弱。

北宋共有九帝,除徽、钦二帝北狩不得善终外,其他七帝的陵寝均统筹安葬于河南巩县,加上太祖之父赵弘毅的永安陵,统称七帝八陵。其形制基本上沿袭唐代,各陵均坐北向南呈正方形,尺度和墓前石雕数目整齐划一,墓室上起造方形三层陵台。每门前列石狮,由南门向北的神道两侧排列石像生,陵园分上、下宫,分别为上陵朝拜祭祀和日常供奉起居的场所。但唐陵下宫建于墓冢的南方偏西处,而宋陵则建于北方偏西处,原因是根据堪舆学说。宋朝赵姓属于"角"音,利于北方偏西的丙、壬方位。与前此陵寝的另一重要改制,是必须等到皇帝驾崩之后才开始建造陵寝,限于七个月内完工,而不是预先营造寿陵,穷数年、数十年之功始成。由于时间匆促,也影响到陵寝的规模气魄,不可能再有汉唐那样的雄大恢宏。此外,唐代以后妃附葬帝陵,不单独起陵,宋陵则恢复了汉陵的规制,帝后合葬陵以后妃陵单独起陵于帝陵的西南隅。北宋末年,朝政腐败,内乱外患,不久金兵进犯,中原沦陷,巩县宋陵被盗掘殆尽,连哲宗的尸骨也被暴弃于野;至南宋末年,元军南下,又将陵庙尽皆犁为废墟。

迄今所见,唯有南神门外神道两侧排列的宫人一对,镇陵将军一对,石狮一对,文臣、武臣各两对,客使三对,石虎、石羊各两对,伏马两对,控马官四对,角端、瑞禽、象奴、望柱各一对及其他地方的石雕,默默地守望着南北长约 15 千米,东西宽约 10 千米的陵区。雕塑手法皆细腻有余而壮健不逮,威仪的外表下却内含着哀戚之状。

南宋苟安杭州,统治者醉生梦死,但在礼制上又不能不以恢复中原为标榜,用以自欺欺人。因此,其陵寝均暂寄于浙江绍兴,计有高宗的永昌、孝宗的永阜、光宗的永崇、宁宗的永茂、理宗的永穆、度宗的永昭六陵,嗣后三帝,均死于非命,无有陵寝。因其暂寄的措意,加上南宋的国势比之北宋更加萎靡不振,所以六陵的建制均草率简陋,既没有高崇的陵台,也没有神道的石像生,后人称为攒宫,意为攒集梓宫的地方而已。后来元朝灭宋,杨琏真珈遍掘南宋六陵,盗取珠宝,悬尸撬骨,并以理宗颅骨截为饮器,将诸帝骨骸杂以牛马枯骨,在临安故宫中筑塔十三丈,名曰镇本,以压胜江南士人的反抗意志。历代陵寝虽多有盗掘,而惨酷如斯,真可以说是惨不忍睹。后来,清人王居琼感赋《穆陵行》诗,足以发人深思:

　　　　六陵草没迷东北,冬青花落陵上泥。

　　　　黑龙断首作饮器,风雨空山魂夜啼。

　　　　当时直恐金棺离,凿石通泉下深锢。

　　　　一声白雁渡江来,宝气竟逐奴僧去。

　　　　金屋犹思宫女侍,玉衣无复祠官护。

　　　　可怜持比月支王,宁饲鸟鸢及狐兔。

　　　　百年枯骨却南返,雨花台下开幽宫。

　　　　流萤夜飞石虎殿,江头白塔今不见。

　　　　人间万事安可知,杜宇声中泪如霰。

与两宋对峙的北方少数民族政权,如契丹族的辽、党项族的西夏、女真族的金,无不参考唐宋之制营造陵寝。尤以金陵规模更大,气势非凡;而元朝统治者则基于宋陵,尤其是南宋陵的前车之鉴,采取秘葬的办法,所葬之处拱卫森严,人所莫知,史书称为"起辇谷",在漠北,不加筑为陵,其具体的地点、陵寝的规制,则迄今众说纷纭,莫衷一是,成为中国陵寝史上的一个千古之谜。

明清陵寝,汇集了古代陵寝制度的大成而形成陵寝史上的终结性格局,成为足以与秦汉、唐宋相轩轾的一个高峰。

明朝初年,在中都凤阳及南京紫金山分别建造了朱元璋父母和朱元璋自己的陵寝,对秦汉、唐宋陵寝制度有所改革,具体反映在三个方面:其一,陵冢形制由从前的方形改为圆形,这主要是基于南方多雨,便于雨水下溜,不致浸湿墓室的考虑。其二,取消了从前供帝王灵魂起居的下宫建筑,却扩展了供谒拜祭奠的上宫建筑。其三,整个陵园由从前的方形改为长方形,由南向北,分为三个院落,即碑亭和神厨、神库,祭殿和配殿,宝城和明楼,从而使建筑的规制更加井然有序。

明自成祖后迁都北京,至思宗共十四个皇帝,除景泰帝葬在北京金山,其他各帝全部葬在北京昌平县境内的天寿山下,统称十三陵。规制承袭明初,而进一步加强了对陵寝的保卫工作。如《大明律》中明确规定:"有谋毁山陵者,以谋大逆论,不分首从,俱凌迟处死。""山陵内盗砍树木者斩,家属发边充军。"沈国元《两朝从信录》则记载,明陵中设有神宫监军,其下有巡山、巡逻、悼陵军共甲士六千二百零四名,嘉靖二十九年(1550)又以四千人立永安营,三千人立巩华营,无事在州校场操演,有警赴各隘口把截,其壁垒森严,不让大内。

清朝在入关前即仿汉族典章制度,在关外建有永、福、昭、东京四陵;入关后在河北遵化县马兰峪建东陵,计有顺治的孝陵、康熙的景陵、乾隆的裕陵、咸丰的定陵、同治的慧陵;在河北易县永宁山下建西陵,计有雍正的泰陵、嘉庆的昌陵、道光的慕陵、光绪的崇陵。清朝入关后共传十帝,仅宣统帝没有陵寝。其形制基本上沿袭明代,但在陵冢上增设了月牙城,遂使整个陵寝的建筑格局和礼仪制度发展到更加成熟的阶段。尤其是东、西两陵,与明十三陵同为我国现存规模最大、保存最完整的帝王陵寝建筑群,虽也经后人的破坏,却远没有汉、唐、宋诸陵为烈。

中国三千年陵寝建筑的发生和发展,概括为下表:

表4-1 中国陵寝建筑的发生发展

时期	代表性建筑和遗址	发展和特点
远古时代		远古殡葬颇为简易,仅"厚衣以加薪,葬之中野,不封不树"当时的厚葬观念,在于殉葬品的多寡

续　表

时期	代表性建筑和遗址	发展和特点
战国时期		具有建筑形态的帝王陵墓开始出现,规模不大
秦	秦始皇的陵园建于骊山脚下,仿照咸阳都城而设计	内外两城,外城周围长 6.3 千米,内城周长 2.5 千米,城内建陵冢、寝殿等建筑物,坐西面东,封土为之。陵园东门外三里处,另开兵马俑坑作为侍卫。此陵规模之大,为迄今所知世界陵墓之最
汉	西汉十一陵,除文帝霸陵、宣帝杜陵外,都建于渭河北岸的咸阳岸上。 东汉十二陵,今能确定位置的只有光武帝原陵,位于河南孟津县,其他各陵,据文献记载,或在洛阳城之东南,或在西北。东汉国力不及西汉,从陵寝建筑的规模来看,亦可见一斑	汉承秦制,地宫上以封土堆走位陵冢,形如方锥而截去上部,称为方上。另有一特色创意,是在陵园外设宗庙,在陵园附近建陵邑。 东汉一重大变化,是将宗庙移至园内,陵园四周不设垣墙,改用"行马"。通往陵冢设神道,列置成对石兽,开创了后世石像生建制的先例
魏晋时期	迄今屹立在江苏南京、丹阳一带的南朝诸王陵的墓表石雕,辟邪、石狮等,凝重威严,犹令人想起当年的威仪	魏晋时期战乱动荡,统治者无力营造规模宏大的陵园。三国、西晋的诸帝陵寝多不封不树,不建陵寝,不设明器,地表不留任何痕迹。 至鲜卑拓跋部统一北方,社会经济有了一定复苏,逐渐恢复了秦汉以来的陵寝规制。南朝陵寝规模较大,多依山而建,成为陵寝的一个自觉建制
隋朝		隋文帝篡周灭陈统一中国,文帝的泰陵封土而成,高五丈,周数百步,但二世而亡,终于没在这方面留下更大的手笔
唐	唐代共二十一帝二十陵,除昭宗的和陵在河南洛阳,哀帝的温陵在山东菏泽外,其余都建在汉陵北隅陕西咸阳的二道原坂上,统称关中十八陵	中国古代的文物典章制度,汉启之在前,唐成之在后,具体而论,此时的陵园分为上下两宫,上宫即献殿,建在陵墓围墙的南门之内,正对山陵,是上陵朝拜和举行隆重祭祀仪式的场所,下宫也叫寝宫,为供奉墓主灵魂起居生活的场所

时期	代表性建筑和遗址	发展和特点
五代		五代乱离,政权更迭频繁,不少皇帝死于非命,在陵寝制度上基本无所建树
宋	北宋共有九帝,除徽、钦二帝北狩不得善终外,其他七帝的陵寝统筹安葬于河南巩县,加上太祖之父赵弘毅的永安陵,统称七帝八陵	南宋陵寝,均暂居于绍兴,永昭六陵建制均草率简陋。 宋陵一重要改制,是必须等到皇帝驾崩之后才开始营造陵寝,限于七个月完工。与宋对峙的北方少数民族政权,皆参考唐宋之制营造陵寝,尤以金陵规模更大,气势非凡
元		元朝统治者基于宋陵,尤其是南宋陵的前车之鉴,采取密葬的办法
明	明朝初年,在中都凤阳及南京紫金山分别建造了朱元璋父母和朱元璋自己的陵寝。明成祖后迁都北京,至思宗共十四个皇帝,出景帝葬身于北京金山,其他各帝全部葬在北京昌平县境内的天寿山下,统称十三陵	陵冢形式由原来的方形改为圆形,这主要是基于南方多雨,便于雨水下滑;取消下宫建筑,扩展供拜谒祭奠的上宫建筑;整个陵园由从前的方形改为长方形,由南向北,分为三个院落,即碑亭和神厨,神库、祭殿和配殿,宝城和明楼,从而使建筑的规制更加井然有序
清	清朝入关前即行汉族典章制度,在关外建有永、福、昭、东京四陵;入关后在河北遵化马兰峪建东陵,在河北易县永宁山下建西陵	其形制基本上沿袭明代,但在陵冢上增设了月牙城,遂使整个陵寝的建筑格局和礼仪制度发展到更加成熟的阶段,尤其是东、西两陵,与明代十三陵同为我国现存规模最大、保存最完整的帝王陵寝建筑群

二、中国陵寝建筑的审美特征

陵寝建筑与宫殿建筑,在审美特征方面颇多相似之处。根据生死一体化、视死如视生的礼教观念,大多数帝王的陵寝都是依照其生前所处的宫殿为准则加以模拟规划的。如秦始皇陵仿咸阳宫殿,汉高祖长陵仿长安宫殿等等。但毕竟因为前者为死者之所居,后者为生者之所居,功能目的的不同,必然导致审美特征的差异。据《易·系辞下》记载,以"大壮"作为宫室建筑的审美特征之概括,而以"大过"作为寝墓建筑的审美特征之概括。所谓"大",即崇高、雄伟、恢宏的意思,作为帝王贵有天下的权威之象征,确实,不大不足以显示其气派,这一点是宫殿建筑与陵寝建筑所共通的审美特征。所谓"壮",即辉煌、灿烂、旺盛的意思。作为帝王生前贵有天下的权威之象征,它显示了一个王朝生命昂扬的律动,这一点是宫殿建筑所独有的审美特征。而所谓"过",即混茫、深重、沉郁的意思。作为帝王死后贵有天下的权威之象征,它显示了一个王朝生命沉潜的律动。正如宫殿建筑的大壮之美,因某一王朝的盛衰兴废而在实际的尺度方面不能不有所出入,但相对于同一时代的其他建筑,它始终都是出乎其类而拔乎其萃的;同理,陵寝建筑的大过之美,也因某一王朝、某一帝王的盛衰兴废而在实际尺度方面不能不有所出入,但相对于同一时代的其他墓葬建筑,它更是出乎其类而拔乎其萃了。例如,秦汉、唐宋、明清,或因政治的安定、经济的发达、国力的昌盛,或因统治者的雄才大略,反映在这些时期的陵寝建筑方面,无论工程的规模、空间的尺度,无不表现出一种极致的大过之美而令人惊叹;反之,撇开三代草创不论,如魏晋南北朝、五代、元代,或因政治的动荡、经济的破坏、民生的凋敝,或因统治者的淫乐无度、荒废朝政,反映在这些时期的陵寝建筑方面,气象便萧索得多。就秦汉、唐宋、明清诸陵来看,东汉不及西汉,中晚唐不及初盛唐,南宋不及北宋,明之后期不及前期,清之后期亦不及前期,如此等等,无不与国运的盛衰息息相关。但即使如此,萧索、衰颓的陵寝建筑,比之同时的其他墓葬建筑,还是要显得尊严、气派得多,一种皇家的威仪令人肃然而生敬畏之意。

所谓崇高、雄伟、混茫、深重的大过之美,反映在实际的尺度上,具体表现为陵园占地面积的广大、建筑物尤其是陵冢体量的高大、整体空间的巨大等等,根据礼制的规定,这些都不是其他墓葬建筑所可随便僭越的。

从工程规模而言,一陵之成,所投入的人力、物力、财力、精力之巨,虽或不如一宫之成,但如果考虑到一座宫殿一经建成,后代的帝王便不妨世世居处于其中,如明代的北京故宫,自成祖落成后,仁宗、宣宗、英宗、景帝、宪宗、孝宗、武宗、世宗、穆宗、神宗、熹宗、思宗均以此为朝寝之所,乃至后来清移明祚,亦无须另起宫殿,仅就明故宫稍加修葺即成;而陵寝建筑,则只能是一陵一帝,那么历代帝王在这方面所投入的人力、物力、财力、精力之巨,比之宫殿建筑,实在是有过之而无不及。且除宋朝外,大多数王朝都是预造寿陵,皇帝一旦登基,日常政务与陵寝工程便同步展开,无分轩轾。这种大规模的投入,非帝王的陵寝是根本不可能想象的,从而为崇高、雄伟、混茫、深重的巨大空间尺度提供了必要的支持。

在中国建筑史上,陵寝建筑不同于宫殿等其他"生"之空间建筑形式的另一重要之点,在于其他建筑多以木结构为主,而陵寝建筑则以砖石结构为主,尤其是作为陵寝主体的地宫和陵冢,或以砖石砌成,或以堆土为之,或因山势为之,混茫、深重、沉郁,加强了崇高、雄伟的巨大体量感,其他地面设施,尤其是神道石像生的配置,在风格上与之完全取得协调。木结构建筑,尤其是宫殿建筑,多以生动飞昂、金碧辉煌的琉璃瓦饰顶,雕梁画栋为之,辉煌、灿烂的境界蕴涵了旺盛的生命力;陵寝建筑则以灰色为基调,部分单体建筑虽亦施琉璃瓦饰,但仅起到点缀的作用,且雕梁画栋明显暗淡,从而蕴涵了沉潜的生命力,伟大的生与伟大的死在空间格调方面迥然相异。木构建筑的造型、色彩与自然界的关系以对比为主,从而把人文的空间从自然的空间中隔离出来。至于园林建筑,虽旨在两者的和谐统一,但着眼点则放在缩自然空间的天地山川于人文空间的建筑之中,气魄较小。而陵寝建筑的造型、色彩与自然界的关系以统一为主,尤其是因山为陵的规制更是如此。从而把人文空间的建筑纳入自然空间的天地山川之中,其气魄之大,真可谓气壮山河、与天地共存。

如上所述,崇高、雄伟、混茫、深重、沉郁等是陵寝建筑外观方面的特征,其内涵精神则与宫殿建筑一样,系作为古代典章制度的象征,并比之宫殿建筑寓有更加浓郁的阴阳术数观念,从而表现为更加森严、肃穆的特色。如陵址的选择、空间秩序的布置、神秘形象和神秘数字的运用等等。它们与崇高、雄伟、混茫、深重、沉郁的特色互为表里,共同构成了古代陵寝建筑"大过"的审美特征之完整形态。对这一形态,在古人的诗文中多有描述,如唐代诗人李白咏秦始皇陵有云:

> 秦王扫六合,虎视何雄哉!挥剑决浮云,
> 诸侯尽西来。明断自天启,大略驾英才。
> 收兵铸金人,函谷正东开。铭功会稽岭,
> 骋望琅琊台。刑徒七十万,起土骊山隈。
> 尚采不死药,茫然使心哀。连弩射海鱼,
> 长鲸正崔嵬。额鼻象五岳,扬波喷云雷。
> 鳍猎蔽青天,何由睹蓬莱。徐福载秦女,
> 楼船几时回? 但见三泉下,金棺葬寒灰。

清代诗人白纶咏汉高祖长陵有云:

> 高祖长陵逐鹿雄,长陵如在砀山中;
> 明烟不觉趋跑下,想见当年赋大风!

杜甫则咏唐太宗昭陵有云:

> 圣图天广大,宗祀日光辉。
> 陵寝盘空曲,熊罴守翠微。
> 再窥松柏路,还见五云飞。

这些诗咏对于大过之美的礼赞,与我们今天游览瞻仰历代陵寝时的感受,大体上还是相吻合的。下面,我们试从工程规模、空间尺度、地面布局、地下设施四个方面,对古代陵寝崇高、雄伟、混茫、深重、沉郁的大过之

美加以具体地剖析。

（一）工程规模

以天下为一己之私的历代帝王,不仅生前在豪华的宫殿建筑中享尽了人间的荣华富贵,并企图在死后仍能拥有生前所享用过的一切物质财富和精神财富。因此,陵寝的建制,其宏规巨模,在人力、物力、财力、精力诸方面的投入,比之宫殿建筑有过之而无不及。如秦始皇的骊山陵园,发刑徒七十余万人,历时三十七年,与咸阳宫殿同步进行,直至其去世才草草收工;四年后项羽入关,破坏地宫,以三十万人三十日运物不能穷;晚唐黄巢起义,又加以盗掘,其规模之大,完全超出我们所能想象的极限,从今天所发掘的兵马俑坑即可见一斑。汉武帝的茂陵,从即位第二年起开始营造,在位五十四年,营建陵寝达五十三年,动用工役无数。光武帝的原陵,规模远比西汉诸陵为小,但也从建武二十六年(公元 50 年)开工,至中元二年(公元 57 年)驾崩竣工,历时八年。魏晋南北朝是陵寝史上的衰微期,但北魏文明太后的永固陵,亦历时四年而成。唐太宗以"省子孙经营,不烦费人功"为造陵的准则,所谓"务从俭约,可容一棺足矣",但昭陵的营造工程,历时十三年始告竣工。宋朝虽废弃了生前预造寿陵的制度,而以皇帝死后七个月的时间匆促急就,但所费人力、物力、财力并不亚于数年、数十年之经营,如《金石萃编》记哲宗元符三年(1100)正月死,"二月十日开山至五月十一日毕功,取大小石二万七千六百有余,视元丰八年(神宗裕陵)增多五千二百七十二焉,凡役兵匠九千七百四十四。取石既多,惧役兵疲困而功不时,集复请募近县夫五百俾挽巨石,以讫其事。然属连寒气疠,自京都逮于四方人多疾疫,而况大山深谷之间,岚雾蒸郁,朝暮被冒,病者千七百余人,不可治而死者,盖亦百里之三,前此兴作而死者皆留瘞山中,及功毕往往不复完掩,居山土人皆云,每至久积阴晦,常闻山中有若声役之歌者,意其不幸横夭者,沉魂未得解脱逍遥而然乎!"真可谓一陵功成万骨枯,其劳民伤财如此。因此,苏洵曾上书仁宗山陵使韩琦,认为厚葬"无益之费,况乎库府空虚,一金以上非取民不获";而统治者却不惜"国库空匮而一用",最终殃民祸国,金兵入侵,"九庙春风",尽付一犁,地宫被盗,尸骨遭劫,地面除石雕外,亦皆夷为平地。明太祖的孝陵,于洪武十四年(1381)动工,动用上万民工,三年后竣工。成祖的长陵,自永乐七年(1409)至宣德元年(1426),动用军民数万,历时二十八年,至其去世两年后方告竣工。神宗的定陵,从万历十二年(1548)开工,历时六年竣工,每天役使民工、军伕二三万人,耗银八百多万两,相当于万历初年全国两年的田赋收入,约合一千万农民一年的口粮;竣工之日,神宗亲往地宫饮酒作乐,预享死后的天堂之乐。清高宗的裕陵,从乾隆八年(1743)开工营建,到他去世(1799)才完全封闭,耗费一百八十万两白银;慈禧太后的定东陵,从同治十二年(1873)开土修建,到光绪三十四年(1908)历时三十七年才结束,其中隆恩殿早在光绪五年(1879)就已造好,但因慈禧觉得不称心,不惜劳民伤财,在光绪十九年(1893)下令拆除重建,仅殿内装饰一项,就用掉黄金四千五百九十二两,其地宫的建造,仅打夯的民工就有二十五万二千八百八十三人。

如上所述帝陵的工程规模,对于国计民生,无疑是巨大的损耗,但对于创造足以象征帝王权威的陵寝建筑雄伟、崇高的大过之美,确实也是不可或缺的必要投入。舍此,大过之美的创造是根本不可能想象的,而中国建筑史的谱写也会因此而缺少重要的一章。千秋功罪,谁与评说? 无论这些帝王的豪侈之举是"功盖千古"还是获罪百世,我们却不能不为建筑本身的大过之美而感到由衷的震撼。这一精神境界,不仅在中国建筑史上独标一格,即使在世界建筑史上也足以与古埃及的金字塔交相辉映。

(二) 空间尺度

从秦始皇开始,撇开乱离之世的帝王不论,历代陵寝均以巨大的空间尺度标举了时代的大过之美。如秦陵外城周长 6.3 千米,内城 2.5 千米,如果加上城外的兵马俑坑等,空间更加广阔;陵冢堆土高 120 米,遥望像一座厚重的小山。汉高祖的长陵城周长 3.5 千米,陵冢基边东西 162 米,南北 132 米,高 32 米,耸立于咸阳平原的南端,居高临下,威严壮观;如果加上陪葬陵和陵邑,陵寝的空间范围数倍于秦陵,其气派的恢宏真是难以想见。武帝的茂陵呈方形,周长 870 余米,陵冢方上高 46.5 米,加上陪葬墓区和陵邑区,空间尺度不小于长陵。唐太宗的昭陵城周长 60 千米,面积达 20 000 平方米,因九峻山为陵,海拔 1 888 米,地处泾河之阴,渭河之阳,南隔关中平原,山势突兀,与太白、终南诸峰遥相对峙,东西两侧,层密起伏,拱卫朝揖,蔚为壮观;城内建有献殿,正对山陵,今建筑已毁,但从其遗址采集到的一件鸱尾脊饰来看,高 1.5 米,底长 1 米,宽 0.65 米,重 150 千克,可以想象到献殿的高大雄伟;城外西南角,"去陵十八里,封内一百二十里",是供太宗灵魂起居的下宫,也是守陵官员和日常侍奉人员的居处;昭陵主峰迤逦而南,有一百六十七座功臣贵戚的陪葬墓,占地约三十万亩,太宗的玄宫居高临下,诸陪葬墓列置两侧,衬托出昭陵至高无上的气概,论空间尺度之崇高、雄伟,真可称得上是"前不见古人,后无复来者",置身其间,"念天地之悠悠",怎不令人"独怆然而涕下"!高宗和武则天合葬的乾陵,陵园周长 40 千米,因梁山为陵冢,海拔 1.049 米,又以南二峰东西对峙,为天然门阙,与太宗昭陵九峻山遥相比高;陵园迤南,列十七座陪葬墓,拓展了空间尺度,同样具有惊人的气势。北宋诸陵,就个别而言,尺度虽有所缩减,如作为宋陵代表的永昭陵,由鹊台到北神门,南北轴线长 550 米,神墙周长 242 米,陵冢底边方 56 米,高 13 米,这个尺度仅相当于唐乾陵陪葬墓永泰公主墓的尺度,但由于经过统筹规划,诸陵互为形势,北起孝义镇,南至西村,中贯芝田镇,占地约 10 平方千米,头枕黄河,足登嵩山,形成庞大的陵区,气势亦自不凡。此后如明的十三陵,清的东、西两陵,无不以占地面积的广大、建筑体量的高大构成巨大的陵寝空间,形成崇高、雄伟、混茫、深重、沉郁的大过之美。

（三）地面布局

陵寝的地面布局，以陵冢为中心，三代前不封不树，较为简陋；秦汉后初成规制，内外城壁垒森严，陵冢方上之外并建有寝殿、宗庙等供奉、祭祀性建筑；东汉不筑垣墙，却开创了神道石像生的先声，至唐代形成定制。以乾陵为典型，主峰（地宫所在）四周为神墙，平面近似方形，四隅建角楼，四面辟门，门外各置石狮；南神门、朱雀门内建献殿，用作大典祭礼的场所；门外为长达数千米的御道，又称神道，最南端以一对土阙开始，阙后为门；由此向北离朱雀门约 1 千米是第二对土阙及第二道门；再由此通向朱雀门前的第三对土阙即可到达内城；在第一、第二重门之间的广大范围内分布诸陪葬墓；神道两侧则依次陈置石像生、华表、石碑等；陵区广植柏树，所以称为"柏城"，这种地面布局，与长安城的规划思想颇相一致：整个陵区相当于郭城，陪葬墓在里坊区；由二道门向北相当于皇城；石人和石兽象征帝王出行、朝会时的仪仗；内城则相当于宫城。可见其设计思想也和都城、宫殿建筑一样，合乎严格的礼制逻辑，都是要突出皇权的尊严。但各种建筑物，包括陵冢、石刻等，造型、色彩又以朴素自然为基调，目的是取得与天地山川的和谐统一，体现沉潜的生命律动，与宫城迥然不同。后世的帝陵，地面的布局基本上都是以此为规制加以铺陈的，如巩县宋陵，陵冢坐北面南，由上宫、宫城、下宫三部分组成，围绕陵园还建有寺院和行宫等建筑。其中，上宫以鹊台为第一道门，又称阙台，上建楼观；由鹊台往北的第二道门称乳门，上亦建楼观；乳门往北为神道，两侧列石像生，直至南神门外立石狮，共计五十八件。进南城门为宫城，占地一百多亩，周围神墙，四角筑楼，四面开门，内建献殿、灵台，灵台下即地宫。北神门以北为后陵和下宫，下宫包括正殿、影殿和斋殿，分别用作停放皇帝的灵柩、悬挂皇帝的画像和祭祀活动。东、西门外为守陵官员的住房。整个陵园,包括上宫、宫城、下宫和地宫及陪葬后妃的陵墓在内,统称兆域,兆域中遍植松柏,四季苍翠,突出了陵寝环境凝重、肃寂的性格和大过的审美特征。

如上所述陵寝的地面布局,历经千百年自然和人为的破坏,木构建筑物多已毁圮,迄今所存,仅一坟山陵或土陵及神道石刻等物而已,虽大过之美愈显悲怆,但毕竟无复当时气象。相比之下,明清诸陵的地面布局,尚能比较完整地传达出中国陵寝大过之美的特有意境。

明十三陵以成祖的长陵为主体及典型。其布局纵贯南北,由三个院落组成。第一院落从天寿山山口外的石牌坊到棱恩门,坊宽 29 米,高 14 米,面阔五间,六柱十一楼,以汉白玉雕成,排空屹立,上系云天,中线正对 11 千米外的天寿山主峰。坊北约 200 米处辟大红门,共三洞,丹壁黄瓦,单檐歇山顶,庄严雄伟,浑厚端庄,东西两面围垣墙,环绕诸陵,周长八十里,共设十门。大红门北有长陵碑亭和华表,华表之北为神道,长 500 多米,两侧排列石像生,在苍松翠柏衬托下,使整个神道充满了圣洁、庄严、肃穆、沉郁的气氛。神道尽头过汉白玉七孔大桥即长陵寝宫的大门棱恩门。这第一院落相比于唐宋诸陵的最明显创意,在于神道之前,尤其是大红门之外的构思,以崛起的对峙小山两座作为陵区的入口,环抱的地形造成内敛深沉的完整环境;又以神道作为十三陵的共同设置,各陵不再单独设置碑亭、华表、石像生;神道微有弯曲,因为道路在山峦间前进,须使左右远山的体量在视觉上大致均衡,使之偏向体量小的山峦而距大者稍远,这种结合地形的细腻处理,显然是从现场潜心观察琢磨而来,不是简单的闭户作图所可办到的。重视直觉效果,使陵寝建筑与天地山川融为一体,奎此可谓绝伦无比。第二院落为棱恩殿,相当于此前陵寝的下宫。该殿为十三陵中最雄伟的单体建筑,坐落在汉白玉丹陛的台基上,基高 3.2 米,三层,每层有勾栏围绕,殿东西面阔九间,66.7 米,南北进深五间,29.3 米,面积 1 956.4 平方米,总面积稍逊于故宫太和殿而面阔过之,故体量感觉亦大于太和殿。六十根金丝楠木大柱承托重檐庑殿顶,中央四根直径达1米余,高23米,质量之高、形体之硕大,为建筑史上所仅见。殿顶的装饰,斗拱、阑额的彩绘,均为最高的规格等级。第三院落由内红门与方城明楼等组成,内红门是棱恩殿和宝城之间的一座门楼,彩绘色调深重、悲凉,使谒陵的官员陕西乾陵神道入门即产生一种诚惶诚恐的心理压力。方城明楼相当于此前的献殿,但实际已演变为碑亭,不作祭祀行礼之用,仅用"五供"象征祭祀用物,祭祀活动则集中于下宫,遂使上下宫合为一体,也是陵制上的一个重大改变。明楼后面即宝城,圆丘式宝殿,方圆1 000余米,中央陵冢,其下即地宫。古代陵冢的形制,从三代的不封不树,到秦汉高大的堆土方上即所谓封土为陵,再到唐代的因山为陵,屡经改观,进而从明代开始,不再见方上陵体,而改筑圆形宝城,是又一重要的改制。综上所述,明代陵寝的地面布局承唐宋之遗轨,作出了较大的更动,从而从礼制的角度使之更加完整严密,秩序森严,而从审美的角度则进一步烘托了大过之美的崇高、雄伟、混茫、深重、沉郁、庄严、肃穆之感。这也是与同时期宫殿建筑的礼制、美学形态臻于高度完美的终结,体认了共通的时代特点,并为嗣后的清代所完全继承下来。

　　清陵的地面布局,无论关外诸陵还是关内的东西二陵,规制均沿袭明代,尤以东西二陵较有代表性,均能合理地利用地形,因势利导,营造内敛的陵区环境,又以共同的神道、石像生构筑严密的礼制秩序。按照从南到北的顺序,依次为石牌坊、大红门、碑楼、神道、石像生、龙凤门、七孔桥、小碑亭、隆恩门、棱恩殿、方城明楼、石五供、宝城宝顶等大小建筑、雕刻;所不同的是,陵冢上增设了月牙城,即以宝城的前部与琉璃影壁相接,平面如月牙形,较为别致。此外,整个陵区划分为前圈和后龙两部分,前圈即陵寝建筑区,占地数十平方千米;后龙是衬托山陵建筑的绿化区域,位于前圈的北隅,占地数百平方千米,由此进一步加强了陵寝与天地山川的有机联系,大过之美亦臻于极致,无以复加。

历代陵寝的地面布局,除通过建筑物的设置,层层深入,层层森严,层层沉郁,来体认作为帝王死之生活空间的大过之美,并与作为帝王生之生活空间的宫殿建筑的礼制秩序互为表里,其择地的术数观念,比之宫殿亦更加讲究。舍此,各种地面建筑物的设置,碍难与天地山川取得浑融无间的协调统一。这从礼制的角度,无非是堪舆风水的解释使然,而从审美的角度,则可用今天的所谓环境艺术的解释来加以说明。如秦始皇的陵寝择于丽山北麓,骊山又名丽山,因"其阴多金,其阳多玉,始皇贪其美名而葬焉",迄今所见,骊山山上草木葱茏,山下流水潺潺,广畴平野上一冢高耸,每当落日余晖,"入著晴霞红一片",极其壮雄伟;历代帝王陵冢多坐北面南,秦始皇陵冢则坐落于陵园西南隅,且坐西面东,这又与嬴姓属水的阴阳学说相关。北宋诸陵位于巩县,处郑州、洛阳之间,南有嵩岳、少室,北为黄河天险,东为青龙山,洛水东西横贯,自古被青囊家视为"山高水来"的风水宝地,其下宫不在陵园的南方偏西,而在北方的偏西,则如赵彦卫《云麓漫钞》所说:"永安诸陵,皆东南地穹,西北地重,东南有山,西北无山,角音所利如此。"明太祖孝陵位于南京紫金山独龙阜玩珠峰下,此地自六朝以来就流传"钟阜龙盘,石城虎踞"之说,作为帝王之基,紫气蒸腾,遂被择为皇陵的所在。至十三陵择地更严,明成祖朱棣以两年的时间,派遣朝廷大员寻找吉地,颇多忌讳。初在口外屠家营,以朱与猪同音,朱家皇陵入屠家不利而罢;又选京西燕家台,以燕家谐音晏驾又作罢;再选昌平羊山脚下狼儿峪,以猪入狼口更危险再作罢;最后以昌平天寿山东、北、西三面群峰矗立,如同护屏,南向蟒山、虎山为天然门阙,聚气藏风,山环水抱,为风水宝地,才降旨圈定为陵区禁地。清顾炎武有诗云:"群山自南来势若蛟龙翔。东趾据卢龙,西脊驰太行。后尻坐黄花,前面临神京。中有万年宅,名目康家庄。可容百万人,豁然开明堂。"如此等等,无不以神秘的色彩加强了陵寝庄严、肃穆的氛围。处于这样的氛围之中,各种秩序森严、色调深沉的地面设置,尤其是以砖石为主要构材的门阙、碑刻、城垣、陵冢,自然而然地更表现为一种令人肃然敬畏的大过之美,象征了王权的不可侵犯和万世长存。

(四) 地下设施

陵冢之下为地宫,即帝王的长眠之所。其设施规模不一,但必定汇其生前所曾占有的一切,包括臣民、财宝等等,供其死后继续享用。撇开殉葬的活人或作为替代物的俑不论,仅其财宝一项,即使像汉文帝史称谓薄葬的陵寝,"置霸陵皆以瓦器,不得以金银为饰",在西晋时被人盗掘,所见亦"金玉灿烂";其他帝陵地宫,稀世珍宝,更为世人所难以想象,其耗资的程度,每"竭币藏奉用度",几使国库空虚。也正为此,当时后世每有亡命之徒,为财宝不惜冒株连九族的危险,盗发帝陵。如清乾隆的裕陵、慈禧太后的定东陵,地宫的珍宝多次为人盗掘,地宫里奢华的程度,比之生前挥霍有过之而无不及。这些殉葬物,对于陵寝建筑的大过之美,无疑也是一种有力的烘托;而且,从某种意义上说,这里的"过",不仅仅是指美学上的混茫、深重、沉郁的风格而言,同时也是指统治者穷奢极欲的"罪过"而言。

地宫的建筑,深入地下数十米,面积数十至数百上千平方米不等,多用砖石砌成,部分构件仿木结构,室内作各种空间划分,或施以彩绘、雕刻。目前,多数地宫的详情不明,完整发掘或详细了解的陵寝地宫仅明定陵、清裕陵等数处,应具有一定的普遍性。明定陵的地宫,由前、中、后和左右两侧五个高大宽敞的殿堂连接而成,总面积1195平方米,全部为石结构拱券式建筑。前、中、后三殿各有一道石门,门券上雕刻龙凤和吻兽,门高3.3米,两扇整块汉白玉,各宽1.8米,门面雕饰门钉和铺首,沉重的体量和造型装饰,给人以威严惶恐之感和内敛沉潜的心理压力。前殿和中殿各高7.2米,宽6米,长58米,以长方形甬道相连;中殿按品字形放置三只盛满香油的大龙缸,专供长明灯使用。后殿高9.5米,宽9.1米,长

30.1米,地面以花斑石墁砌,靠北壁汉白玉石垒成棺床,上面放置三只朱漆棺椁,中间者为神宗椁,左右分别为孝端、孝靖皇后椁,棺椁外置红漆木箱二十六只,内藏各种随葬珍宝无数。

清裕陵的地宫为拱券式结构,全部用石块砌成。其布局由一条墓道、四道石门、三重堂券组成,全长54米,面积300多平方米。石门、内壁、券顶雕饰佛像、经文,与乾隆晚年信奉佛教有关,同时也加强了地宫的神圣感。石棺床上安放帝后棺椁,随葬殓物荟珍萃奇,穷极侈丽。

试与三代之前的陵寝相比,当时的地宫以椁室为主,多在穴中央用巨大的木材砍成长方形断面,互相重叠,构成井干式墓室,即所谓椁;其东西南北四向有斜道通向地面,称为"四出羡道"。汉代以后,改为砖石结构,使地宫更加永固,越发展到后来,规模越是宏大,结构越是严密,真正成了地下的宫殿,只是沉郁压抑的气氛与大内宫殿的辉煌灿烂迥然相异,这从定陵、裕陵的地宫可以看得十分清楚。从而,与地面的布局、空间的尺度和工程的规模,共同构成了陵寝建筑大过之美的完整形态。它不仅是去世后的帝王最理想的生存空间,同时也为活着的帝王官僚们提供了最理想的祭奠空间。

我们知道,同样作为帝王的生存空间,宫殿建筑所遵循的礼教制度兼具精神和物质两方面的实用功能,其精神的功能即象征王权的至高无上,其物质的功能提供帝王侈奢的生活享受。而陵寝建筑所遵循的礼教制度,主要是精神的象征功能,至于物质的享受,实质上也已经转化成为一种象征性的占有,而并不是实际上的消耗。因此,在美学性格上,两者虽都以大为特色,但一者表现为大壮,一者则表现为大过,也就在情理之中了。

今天,陵寝建筑所遵循的礼教仪制和术数观念和我们时代的精神早已格格不入,它所象征的精神功能也和我们的实际生活不再发生联系。但是,它所呈现出来的那种大过之美与大壮之美一样,作为一种"有意味的形式",同样能给我们以永恒的审美启示。无论置身于秦汉、唐宋、明清诸陵之间,还是置身于其他一些陵寝之间,规模或大或小,景象或残败或完整,陵冢、城垣、碑阙、石刻、殿宇与天地山川浑然一体,在夕阳的风沙漠漠之中默默耸峙,一种崇高、雄伟、混茫、深重、沉郁、森严、肃穆的大过之美,震慑着我们的心神,呈现出一种悲壮的生命意志。这一意志,可以归结为黑格尔在《历史哲学》里以高度尊敬所表述的一个富于辩证思想的东方哲理,黑格尔认为,"这是一个伟大的概念,它是东方思想家所达到的,也许是他们的玄学里的最高概念",它便是:"死亡固系生命之结局,生命亦即死亡之结果。"是的,历代的帝王都已死了,但为他们的死所营造的陵寝建筑永存,凝聚于其中的民族的精神亦永存,与天地共长久、日月同光辉。

05 第五讲
明清陵寝

一、明陵概述

明朝(1368—1644)276 年是中国封建社会后期的发展阶段。相对于元代,社会经济得到迅速恢复与发展,国力大大增强。明代中叶后,在封建社会内部孕育着资本主义的萌芽。各类工艺技术、建筑材料较前朝有更大的提高。特别是砖石拱券与琉璃砖瓦,质量优良,被大量采用,成为明代建筑材料上的代表。在陵墓营造上也广泛采用这些材料,达到了前所未有的艺术高度。

明朝初年营建的南京孝陵、凤阳皇陵、泗州祖陵,已形成了明陵的定制。明代迁都北京后,在京郊昌平县的天寿山中形成了集中的陵区,明代的十三位皇帝安葬在这里,故称十三陵。从明永乐七年(1409)修筑长陵始至清顺治元年(1644)修建思陵止,两百多年间都被定为禁地,驻有陵卫。在陵墓的营造上基本遵循南京孝陵的制度。

十三陵距离北京 45 千米,陵区的北、东、西三面被群山环抱,十三陵沿山麓散布,各据山岗,面向中心——长陵。长陵南向 6 千米处有两座对峙的小山,成为整个陵区的入口。由于群山的环抱,陵区内呈现出完整的环境。十三陵南北约 9 千米,东西约 6 千米,在自然景观的衬托下,各陵互相呼应,地形与环境形成了陵区特有的氛围。其神道挺直,在山势的依托下更显宏伟。十三陵与孝陵一样是明代陵墓的代表作。十三陵是长陵

（成祖）、献陵（仁宗）、景陵（宣宗）、裕陵（英宗）、茂陵（宪宗）、泰陵（孝宗）、康陵（武宗）、永陵（世宗）、昭陵（穆宗）、定陵（神宗）、庆陵（光宗）、德陵（熹宗）、思陵（思宗）的统称。其中最具代表性的是长陵与定陵。

长陵位于天寿山主峰下，是十三陵的中心墓区，也是最早建立的陵墓，明成祖朱棣与皇后就安葬在这里。长陵是十三陵里最大的陵寝，建成于永乐十一年（1413），整个陵园用围墙包绕，分为两个院落，其中圆形的宝城，直径约340米，周长1000多米，宝城内为高大的封土堆，封土堆下面就是地宫的位置。宝城南面为明楼，有蹬道可达楼上。楼呈方形，四面辟券门，黄铜瓦重檐歇山顶，檐下榜额书"长陵"二字。长陵附近还有东、西二坟，分别埋葬着16位为朱棣殉葬的宫妃。坟的形态如深井，故有东井、西井之称。走进长陵的第二进院落，可以看见棱恩门与棱恩殿。棱恩殿是长陵最宏大的地面建筑。原称享殿，明嘉靖年改现名，意为感恩受福，是祭陵时举行典礼的场所，属于最高级别的殿宇——九间重檐庑殿。黄瓦红墙，殿面阔度为66.75米，进深五间，计29.31米；其面积稍逊于故宫太和殿而正面阔度则超过之，感觉上体量超过太和殿，在用料与工程质量上高过太和殿。殿内12根金丝楠木柱，最粗四柱直径达1.17米，高度为23米，质量之高，形体之大，为建筑史上所仅见。虽经雷击、地震，迄今无闪失倾斜，建筑结构非常坚固。殿的造型庄重舒展，屋内的木梁架质朴、典雅，属于上乘之作。棱恩殿与太和殿均为我国现存最大的木构架建筑。长陵也可谓明清陵墓之冠。

定陵，是明第十三帝神宗朱翊钧的陵寝，位于长陵西南的大峪山下。明万历十一年（1583），神宗趁祭陵之便，率文武官员以及术士，亲自选定陵址，确定陵制。次年动工兴建，历时六年，动用军匠、工匠达三万人，修建成一个完整的墓区。现存的地面建筑，仅存明楼、宝顶二处，其他部分均遭毁坏。在明楼的正后部是地下宫殿，它距墓顶27米，总面积1195平方米，全部为拱券式石结构，由前、中、后、左、右五个高大宽敞的殿堂所组成,殿堂之间互相联系。前、中殿为长方形甬道,后殿横在顶端。墓室为一个主室两个配室;主室前有甬道、门三重。整座建筑除石门有檐楣雕饰外,显得朴素无华。砖石拱券最大的跨度达 9.1 米,净高亦达 9.5 米。后殿为棺椁停放处,地面用磨光花斑石墁砌,棺床中央置放朱翊钧与两位皇后的棺椁,周围放有玉料、梅瓶及装满随葬器物的红漆木箱。一般说,明陵封土深厚,石券牢固,历数百年,未遭破坏。新中国成立后发掘的定陵地宫,是迄今为止唯一打开的明陵地宫,为后人研究明代的陵墓地宫提供了先例。

明代陵墓还设有方城明楼碑与石五供台,这是祭祀用的象征性摆设,位于方城明楼前。墓园中的碑楼华表、戟门等建筑,均是明代石器建筑的优秀范例。精美、典雅、质朴的造型反映出明代高超的建筑工艺,令人赞叹不已。

明太祖朱元璋的陵墓,位于江苏南京市东郊钟山南麓的独龙阜玩珠峰下。洪武十四年(1381)始建,次年葬入马皇后。马皇后谥"孝慈",故称孝陵。洪武十六年陵墓建成,朱元璋崩后葬入。陵墓布局分为两段。第一段为神道,由石兽 12 对,石柱一对,石人四对,棂星门一座组成。石雕随起伏的山势排成一列。在这些石像生中有骆驼、象、马、狮等动物形象。它们对立在神道两侧,栩栩如生,颇为壮观。由于孝陵择地正对三国孙权的蒋陵,当时有人提出异议,朱元璋曾戏说:"孙权也是一条好汉,留着为朕看门吧。"因此神道弯曲迂周,沿蒋陵西侧折北,使神道引申长达 1 800 米。第二段是陵墓的主体,从石桥起,包括正门、碑亭、享殿、方城、宝城,现存的只有享殿须弥座台基与清同治时建的一座殿堂。宝城前面的方城明楼的楼顶已被毁坏。宝城是一个直径达 400 米的圆形土丘,上植松柏,下为朱元璋与马皇后的墓穴。周围筑高墙,条石基础,砖砌墙身,陵墓周围数十里内有松柏包围。南京的明孝陵与北京的十三陵都是善于利用地形和环境来营造成陵墓肃穆气氛的杰出实例。明孝陵是我国现存最大的帝王陵墓之一。

二、清陵概述

清朝(1644—1911)是中国封建社会的最后一个王朝。清朝的陵墓从规划建制到建筑造型均仿照明朝,采用集中陵区的手法,安排总入口,从棂星门(龙凤门)开端,经神道石像生、碑亭及华表,然后分达各陵区。各陵不单用石像生,其部局顺序为:五孔石券桥、牌楼、碑亭、三孔券桥,大月台、宫门、大殿(隆恩殿)及左右配殿,而后为石平桥、月台、琉璃门、五供、方城(上立碑楼)、月牙城(哑吧院)、宝城(墓冢)。清朝各陵,形制一致,尺度亦相仿,只是在构造本身的用材、雕饰方面存在着差异。皇帝、皇后、亲王、公主、嫔妃的陵制级别相当严格,形成了一套程式化的规则。

清代的陵区集中在三处:第一处,清入关以前建造了辽宁新宾的永陵,沈阳的福陵与昭陵,俗称清关外三陵。其陵墓形制都仿照明陵,在装修上比明陵精致细密,堆砌繁缛,程式化特点强烈,这些特征影响了入关后的清朝各陵。清入关后,又形成了两处集中性的陵区,即东陵、西陵。按昭穆顺次入葬,东陵位于河北遵化马兰峪;西陵位于河北易县梁各庄。清朝的十个皇帝,除宣统溥仪外,有九个分别葬于这两处陵区内。他们的皇后、亲王、嫔妃等也随葬在这里。东陵、西陵是我国现存规模宏大、建筑体系完整的皇室陵寝。

永陵位于辽宁新宾县永陵镇西北的启运山南麓,原名兴京陵。建于明万历二十六年(1598),清顺治十六年(1659)改称永陵,是清关外三陵中最早建立的陵墓。占地 11 880 平方米。陵内葬有清太祖努尔哈赤的远祖孟特穆、曾祖福满、祖父觉昌安、父塔克世等清皇室祖先。永陵是满清的祖陵,整个陵区由前院、方城、宝城三部分组成,四周围以缭墙。陵区前临苏子河、背靠启运山,有"郁葱王气钟烟霭"之势。

清太祖努尔哈赤与皇后叶赫那拉氏的陵寝位于辽宁沈阳市东北 11

千米处的丘陵地上。始建于后金天聪三年(1629),清顺治八年(1651)基本建成,后又有续建,占地 19.48 万平方米。陵区南面正中为正红门,红门东西墙上嵌有雕着蟠龙的琉璃壁。门内参路两侧排列着成对的骆驼、狮子、马等石像生。往北地势渐高,登上 108 蹬台阶,经过石桥,有一宽敞的平台,正中为宏伟的碑楼,内立有碑一块,上镂刻康熙亲撰"大清福陵神功圣德碑"碑文。碑楼北面为方城、城堡式建筑,是陵园的主体。方城后面是月牙形宝城,宝城下埋葬着努尔哈赤与叶赫那拉氏。福陵川萦山拱,气势雄浑,风景优胜。清人高士奇有诗曰:"回瞻苍霭合,俯瞰曲流通,地是排云上,天因列柱崇。"沈阳北郊的昭陵(亦称北陵)是清太宗皇太极与孝端文皇后的陵寝。在清关外三陵中是气势规模最为宏大的一座陵寝,其装修与雕饰亦十分精丽华美。

　　河北遵化马兰峪西面的昌瑞山是清东陵所在地。陵区始建于顺治十八年(1661),南北长 125 千米,东西宽 20 千米,陵墓依山筑于昌瑞山南麓。东陵有五座帝陵,即孝陵(顺治)、景陵(康熙)、裕陵(乾隆)、定陵(咸丰)、惠陵(同治);皇后陵四座,妃园寝五座。东陵共埋葬着五帝、十五后、一百四十一嫔妃,是清代最大的陵寝区。东陵的中心建筑是孝陵——顺治帝福临的陵寝,它坐落在昌瑞山主峰脚下,其他各陵分列两侧。陵区内神道桥梁,纵横交错,黄绿琉璃殿顶,画栋朱垣,汉白玉石殿陛栏杆构成了一幅绚丽宏伟的图画。从陵区正门大红门入内,依次为神功圣德碑亭、石像生、龙凤门、神道石桥、神道碑亭,一直到达明楼、宝城止。宝城下为地下宫殿,里面停放着顺治帝的灵柩。顺治帝是清入关后的第一个皇帝,因此,孝陵也是清东陵中的最早建筑。清东陵直接吸收了明陵的营建手法,与明陵的风格很相像,如安葬顺治帝皇后的孝东陵前的方城明楼便是一例。孝陵的西侧是裕陵,里面安葬着乾隆皇帝。裕陵建筑以神道贯穿,并归汇于孝陵主神道。陵南为重檐九脊神功圣德碑楼四角,各竖华表,高 10 余米,浮雕云龙盘绕,顶部雕有望天犼,下有汉白玉须弥座与围绕的栏杆。

其他建筑与各陵相同。裕陵的地宫现已对外开放,其进深 54 米,落空面积 372 平方米,全部为石构拱券式,地宫内有三券形式,即明券、穿券与金券,各为长方形,使地宫成"主"字形状。金券室内有石制宝床,中央是乾隆帝的棺椁,旁为三皇后、三贵妃灵柩。地宫各券的壁上及券顶,都有浮雕佛像、图案与数万字的经文。裕陵地宫是一座富丽豪华与独具风格的地下宫殿。另外,其地面主殿隆恩殿也是一座体积宏阔、装修精美的建筑。康熙帝的陵寝位于孝陵东侧,称为景陵,也是一处规模完整的陵寝。他的两位妃子死后结伴而葬。其陵寝造型独特,方城并列,连为一双,具有象征意义。后人称为双妃园寝。孝陵西侧的定东陵是清咸丰帝的孝贞慈安皇后(东太后)与孝钦慈禧皇后(西太后)的陵寝。两陵相连,建制完全相同。陵中的隆恩殿、东西配殿等主体建筑在形体尺度、装修色彩等方面也是相等的。登上方城的明楼可眺望全陵景色。在东陵各陵寝建筑中,慈禧陵最为华丽讲究。慈禧陵地宫近年已被发掘清理,现可供游人参观游览。

清西陵位于河北易县城西 15 千米的永宁山下,陵区选址年代为雍正八年(1730),晚于清东陵,翌年始建西陵中的泰陵。乾隆时有诏定父子不葬一地之制,相间在东、西陵分葬。自此,清皇室遂有东、西陵之分。清西陵的陵区范围 100 余千米,内围墙长达 21 千米。有帝陵四座:泰陵(雍正)、昌陵(嘉庆)、慕陵(道光)、崇陵(光绪);皇后陵三座:泰东陵,昌西陵,慕东陵;妃园寝三座,以及王公、公主陵寝等,共十四座,葬 76 人。陵内殿宇千余间,石建筑与石雕百余座,建筑面积达 50 万平方米。各陵的规制与形态都严守封建等级制,皇后陵小于皇帝陵,园寝小于皇后陵。色彩等级为:帝、后与喇嘛庙为红色围墙,黄色琉璃瓦盖顶;妃园、公主园是红色围墙,绿色琉璃瓦盖顶;行宫、衙署则用砖墙,布瓦顶。除慕陵、崇陵无神功圣德碑、石像生、石雕及慕陵无明楼、宝城外,其余均与清东陵相同。泰陵是清西陵的中心,其他各陵东西两侧分列。泰陵是清雍正皇帝与孝敬皇后以及敦肃皇贵妃的陵墓。建于雍正八年至乾隆二年(1730—1737)，是西陵建造最早、规模最大的一座陵园。一条宽 10 余米、长 2.5 千米的神道贯通陵区各部。神功圣德碑楼高达 30 米，雄伟高敞，重檐歇山顶，内立石碑两通，刻满、汉两种文字。神道上的石像生也精美典雅，颇有特色。随葬的裕妃园寝、容妃园寝以及园寝地宫，都是园寝建筑中的上乘之作。在琉璃砖的技术运用上，昌西陵的琉璃门可称作代表。昌陵的隆恩殿与慕陵的隆恩殿，装修精美，殿内各明柱用沥粉贴金包裹，顶部有旋子彩画，梁枋由大点金色与色彩调和，使得殿宇金碧辉煌。崇陵是清光绪皇帝的陵寝，是清陵中建筑最晚的一座。建于清宣统元年(1909)，由于 1911 年的辛亥革命，清朝被推翻，陵工停顿，后再续建，于 1915 年葬光绪帝与孝定皇后于此。其规模为清陵中最小的，没有大的碑楼与石像生，材料均为桐木、铁料，故有"桐梁铁柱"之称，由于建陵较晚，梁枋上彩画如新，金碧辉煌。其地宫也已整理开放。

清陵中的碑楼与门牌装修，均继承了明代风格，在装修上更加细密，色彩也更为鲜丽，只是少了点明代质朴雄厚的气质，多了点华丽、雅致的风韵而已。

附：
其他陵墓

　　我国陵墓的历史十分悠久，每个朝代都有着自己的陵墓风格，众多风格的陵墓汇成了一部立体的历史教科书，它无声地叙述着历史，启迪着后人。中国是个多民族的国家，各民族在建筑上也有不少创造，在陵墓的营造上也留下一些具有强烈民族特色的作品，体现了他们所追求的审美观，这些作品实例丰富了陵墓造型的种类，为我国陵墓的发展史增添了特殊的一笔。

　　新疆维吾尔自治区喀什市东郊的阿巴伙加玛扎（墓），是一组大型墓葬区和宗教建筑群，始建于17世纪后期，后来经历代改建、扩建，规模日益宏大。墓的外部造型是伊斯兰礼拜寺的形制，装饰华丽、细致。外层柱头形式多变，柱身雕刻维族花纹图案，大门两侧与礼拜寺转角处的高大塔楼，构成了伊斯兰教建筑的典型特征。圆拱形主墓室为陵园主体，周围以厚墙依托，四角复以塔楼固定。塔楼外面以琉璃砖贴面，鲜艳夺目，表现出维吾尔传统建筑的特点。主墓室共安葬阿巴伙加一家五代72人，墓上覆盖色彩斑斓的锦缎、丝绸。维吾尔民间曾传称为香妃墓，这是不确切的。阿巴伙加玛扎是维吾尔陵墓中最典型的实例，它有着浓浓的民族情致，吸引着远道来参观游览的人们。

　　广西壮族自治区桂林市的东郊有一座大型的陵墓群，位于尧山西南麓，称靖江王墓。靖江王系明太祖从孙朱守谦的封号，传十三代。永乐元年(1403)其子朱赞仪就藩桂林,死后葬于此山,其后代也葬此处。陵区南北二十余里,东西六七里,葬有王墓11座、王室墓百余座。王墓修有内外围墙,内围墙中有硕大的封土堆。墓区内的殿堂、亭阁早已毁弃,只有神道、华表、石兽、山门等物留存。墓群中的庄简王墓是比较有代表性的。其墓的山门是由三个圆拱形组成,这是典型的明代建筑手法。墓前的石望柱出于优秀的石雕工之手,其雕工精巧、古朴浑厚,给人以美的视觉享受,反映出明代高超的石雕工艺,是广西境内不可多得的珍贵文物,也给风景如画的桂林增添了人文气息。

宁夏回族自治区的银川市西面30千米处的贺兰山东麓,是西夏历代帝王陵墓的所在地。陵区范围南北10千米,东西4千米,其中有8座西夏帝王陵,70余座陪葬墓。西夏王陵每个陵园占地面积均在10万平方米以上,其地面建筑早在明代以前就被掘被毁,现只留存墓冢遗址与少量的门阙、碑亭等。新中国成立后曾发掘出三座陪葬墓,墓中一般以铜牛、石马殉葬,同时出土的还有金银饰件、铜甲片、瓷器、西夏文、汉文残碎碑刻等。西夏王陵主要是仿北宋诸陵而营建的,因此,这些出土实物对研究西夏文化与汉文化的关系有着重大的学术价值和参考价值。

但无疑,这些地方政权最高统治者的陵墓,与中央政府最高统治者的陵墓,无论在规模气派和艺术水平上,都是不可相提并论的。倒是传统中作为中华始祖的黄帝,后人为之建陵,虽建筑的规模不大,但象征的意义至巨,为历代上自帝王、下至庶民所祭祀,今天其影响更深入海内外每一位龙的传人的心中。

《史记·五帝本记》以及《黄帝本纪》都载有:"皇帝崩,葬桥山。"轩辕氏黄帝陵位于陕西黄陵县城北的桥山上,距县城1千米。山上古柏成林,郁郁参天,沮水环绕于左侧,气势不凡。轩辕黄帝与炎帝是传说中的中华民族的祖先。黄帝陵墓高3.6米,周长48米,墓前建有碑亭,碑亭前有"古轩辕黄帝桥陵"碑,是清代陕西巡抚毕沅于乾隆四十一年(1776)所立。碑字苍劲,书法雄健,气势恢宏。陵墓南侧有汉武帝仙台,传说汉武帝在这高台上祭祀过黄帝。

黄帝陵是中华民族的祖陵,其定位高于任何帝王陵。当朝霞满天的时候,它给民族以希望与力量;当晚霞西陲的时候,它给民族以巨大的护佑。尽管它并不是某一位具体的帝王的陵寝,但其巨大的凝聚力却远远地超越了二十四史上任何一座陵寝。

06 第六讲
城市山林

"山曲小房,入园为窈窕幽径,绿玉万竿。中汇涧水为曲池,环池有竹树云石,其后平冈逶迤,古树鳞鬣。松下皆灌丛杂木,茑萝骈织,亭榭翼然。夜半鹤唳清远,恍然如宿山坞,哀猿啼啸,如闻嘹呖惊霜。初不辨其为城市?为山林?"这是明人陆绍珩所编《醉古堂剑扫》一书中关于园景的一段描述。而同时代计成《园冶》中则认为:"别墅难成,兹林易为,架屋随基,濬水坚之石麓,安亭得景,莳花笑从春风。虚阁荫桐,清池涵月,洗出千家烟雨,将移四壁图书。素人镜中飞练,青来郭外环屏,芍药宜栏,蔷薇未架,不妨凭石,最厌编屏,束久重修,安垂不朽? 长山多致,寸石生情,窗虚蕉影玲珑,岩曲松根盘礴,足征市隐,犹胜巢居。能为寻闹处之幽,胡舍近而图远? 得闲即诣,随兴携游。"诸如此类的论述,遥接东晋陶渊明《饮酒》诗所论园居的境界,"结庐在人境,而无车马喧。问君何能尔? 心远地自偏。采菊东篱下,悠然见南山。山气日夕佳,飞鸟相与还。此中有真意,欲辨已忘言"。在古代田园派、神韵派或性灵派的诗文歌咏中屡见不鲜,美不胜收。虽然中国古代园林的遗存迄今已十不一二,而时代的变迁引导人们思想情操的变迁亦已斗转星移,但是当我们设身处地于这十不一二的遗存,流连光景,涤除玄览时,所获得的审美感受实与古人的诗文歌咏息息相通,一种淡泊明志、宁静致远的意境使我们置身于世俗的功利之中而能超越于其上,从而更深刻地认识到人生的价值和生命的本质。归根到底,这是因为园林这一中国古代建筑的特殊的生活空间,以自己独特的形式体认了人与自然相和谐的理想；这种理想，作为人类精神上的一种原初力量，在现代物质文明愈是发达的条件下，愈是经得起我们的反省，同时也愈是可以用做我们今天生活空间的调节和补充。

一、中国园林的产生和发展

园林的出现，应是与人们的定居生活相同步的，最早只是简单的园圃苑囿，用以种植蔬果、畜养禽兽，提供物质生活的需要。到了三代，逐渐成为帝王贵族的玩乐场所，如《史记》中记载商纣王"厚赋税以实鹿台之钱，而盈巨桥之粟，益收狗马奇物……益广沙丘苑台，多取野兽蜚鸟置其中……乐戏于沙丘"。周文王有一个方圆几十里的灵囿，其中饲养了各种珍贵的动物、灵异的禽鸟，并专设了各等囿人，掌管囿中的动物饲养和植物莳栽诸事宜，岁时狩猎，刍荛雉兔，与民同利。

春秋战国时期，周室衰微，各地诸侯纷纷割据称霸，建宫设囿以图游乐享受的风气盛极一时。园林的营造亦开始有了成组的风景，既有土山，又有池沼，自然山水主题正式萌芽。而且在园林中构亭筑桥、种植花木，如《说苑》记"楚庄王筑层台，延石千重，延壤百里"；《述异记》记吴王夫差"筑姑苏台""作海灵馆"，"建梧桐园、会景园"等，规模宏大，"崇饰土木"。至此，中国古代园林的基本组成要素都已具备，而不再是简单的园圃苑囿了。

发展到秦汉，园林成为在圈定的一个广大范围内与宫室紧密联系的综合体，称作宫苑。在宫苑的范围内有天然滋生或人工蓄养的奇花异木、珍禽瑞兽，以供观景、采集或狩猎，离宫别馆相望，曲廊复道相属，宫室建筑群藻饰华丽，成为苑囿的主体。而模仿自然山水堆山引水、开池置岛，则成为我国造园艺术的主要创作方法和布局方式。只是因当时神仙思想弥漫，帝王多企求长生不死，所以园林的意境亦以奇诡谲异为基本的格调。如秦始皇曾在渭水之南作上林苑，苑中离宫参差巍峨，又在咸阳作长池,引渭水,堆土为蓬莱仙山。汉武帝修复并扩建了秦的上林苑,渭水以南,南山以北,东起蓝田,西至长杨,周袤 300 里,都成为苑囿,而把长安城从西、南两面包围了起来;长安城西建建章宫,宫北治太液池,池中堆蓬莱、方丈、壶梁、瀛洲诸山,象征东海神山。据《上林赋》《西都赋》《西京杂记》等记载,上林苑中有离宫几十所,皆可容千乘万骑,群臣自四方来献名果异卉三千余种,皆栽植苑中,堪称皇家园林之极规。

西汉时,贵族、官僚、豪富的私家园林也发展起来。如梁孝王刘武、宰相曹参、大将军霍光等都有私家园苑;茂陵富户袁广汉在北山下筑园,方圆数里,流水注其内,构石为假山,积沙为洲渚,畜养珍禽异兽,种植奇花怪木,重阁修廊,大体亦以皇家园林为标准,只是规模略小而已。而这样一来,传统以崇丽、宏大为尚的造园手法,则开始向精致、小巧转轨。东汉时,大将军梁冀在洛阳广开园囿,采土筑山,十里九坂,以像二崤,深林绝涧,有若自然,奇禽驯兽,飞走其间,直接模仿洛阳附近崤山的真实风景,又使此前以海上神山为蓝本的造园思想趋于世俗化。

魏晋南北朝时期,统治阶级穷奢极欲,醉生梦死,皇家园林的营造虽未有间断,但已是走马灯式的改朝换代,其气象已无复汉苑的宏丽。倒是士大夫阶层,追求精神解脱,或放荡颓废,纵情于享乐生活;或肥遁隐逸,陶醉于山林田园。《文心雕龙》所谓"老庄造退,山水方滋",于是造园风气为之一变,抛弃了从前以宫室楼台为主、禽兽充溢囿中的形式和三山一池的传统,而以穿池构山的自然山水为本色,以返璞归真、山居岩栖为高雅,开启了私家园林淡泊宁静的文人高致之先声。著名者有司农张伦园、清河王元怿园、侍中张钊园、河间王元琛园、会稽王道子园、石崇金谷园、苏州顾辟疆园、戴颙园、齐文惠太子园等等,极乱世中士人渴慕林泉、澄怀观化之胜概。

隋唐时期,国家一统,国力雄厚,皇家园林又得以复兴。当时宫室苑囿的规模很大,几可媲美汉代。隋文帝在长安治大兴苑,隋炀帝又在洛阳营建西苑、会通苑。西苑的布置以水面为主,周围四十余里,称北海,湖中堆土石作蓬莱、方丈、瀛洲诸山,山上置台观殿阁;此外还有五个湖面,东为翠光,南为迎阳,西为金光,北为洁水,中为广明,以沟渠相通;苑内造十六院,每院自成一组建筑,设置四品夫人十六人,各为一院之主,内植各种名花,以新艳者为贵。唐代长安宫苑,有南内苑、西内苑、东内苑、禁苑四处,系以隋大兴苑为基础扩建而成,其中又以禁苑为最胜,周围一百二十里,苑中共有宫亭二十四处,规模大小各不相同,各有不同的景观;大明宫的后苑以太液池为中心,环池布置殿阁长廊,池中置蓬莱仙岛,基本构思皆源于秦汉。洛阳宫苑名神都苑,即隋代会通苑,周围亦一百二十余里,西营合璧宫,东凿凝碧池,池中亦有三山。此外还有望春、冷泉、积翠、凌波诸宫,华渚、翠阜、流芳、崇兰诸堂,回流、飞香、芳洲、澄秋诸亭,龙鳞宫位于苑内中央。据文献记载,贞观四年(630)夏修治洛阳城,唐太宗李世民见宫中凿池起山,崇饰华丽,怒而下令急速拆毁,会通苑遂趋沦废;但显庆年间(656—661),司农卿韦机受诏管理东都园苑事务,高宗问他:"两者是朕东西二宅也,今之宫馆为隋代所建,经岁既淹,渐皆颓毁,欲修造之,费财力如何?"韦奏答:"臣任司农已十年,今贮钱见三千万贯,供葺理可不劳而就。"于是,神都苑壮丽伟赡愈胜于隋。由此可见有唐两代君王崇俭尚奢的不同态度。

唐朝虽称盛世,但贵族、官僚、文人中,以高雅为尚者不少。所以,反映在文学创作中,平淡天真的田园诗与慷慨激越的边塞诗并臻绝唱,反映在造园艺术中,私家园林之盛亦不下于皇家苑囿。当时的贵族官僚,在京城筑园者颇众。他们的园池多集中分布在长安城南的杜曲、樊川一带,数十里间,占据泉石幽胜之地;洛阳的东南角一带,伊水清澈,引其分支入园内,极为便利,所以在此造园者亦不少。著名者如安乐公主的西庄、太平公主的南庄、长宁公主的东庄、司勋刘郎中的别业、白居易的履道坊第宅、牛僧孺的归仁坊宅园等等,不一而足。一般多以人工穿池堆山,所以"山池"二字,成了私家园林的代名词。至王维在蓝田筑辋川别业、白居易在庐山建草堂,则以自然山林景色为主,略加人工建筑而已。这种山居别墅,极竹洲花坞之胜,清流翠篆之趣,比之城市或近郊的园林更富于自然的意趣,但终因远离城市,生活上多有不便,所以数量较少。我们知道园林的要义在于作为"城市山林",筱园主能生活于世俗之中又超越于其上,即计成所说:"足征市隐,犹胜巢居。能为寻闹处之幽,胡舍近而图远?"因此,自王、白之后,后世的园林基本上不再有远离城市的了。

五代时,中原乱离,北方的园林遭到严重破坏,江南一带则相对安定,加上经济发展,人文荟萃,于是,以苏州为中心,江南造园艺术迎来了一个兴盛期。如吴越广陵王之子创南园,山池亭阁、奇花异木,经营三十年始成;他的部下投其所好,也相与营造园林,如今天还能看到的沧浪亭,最早便是由其外戚孙承佑肇建的。

赵宋王朝以崇文抑武为国策,对外虽屈辱求和,对内则造就了长期安定的政治局面和经济的持续增长、文化的高度繁荣。这就为中国造园艺术的全面兴盛提供了必要的心理和物质条件;两宋历时三百多年,历来被推为园林史上的一个黄金时代。

北宋时,都城汴梁的苑囿总数不下九处,其中以徽宗赵佶时万岁山艮岳的规模为最大,周围虽仅十余里,但气魄十分恢宏,构思非常缜密。其艺术的手法,一变汉唐皇家园林对于宏伟、壮阔、天然之美的单纯模仿,转向对于细腻、幽深、自然之美的高度提炼。从大景区划分来看,有山景区、水景区、林景区、石景区、建筑景区及综合景区,而每一大景区之中又包含有不同的小景区和景物,如山景区内就有"天台、雁荡、凤凰、庐阜之奇伟,二川、三峡、云梦之旷荡,四方之远且异,徒各擅其一美,未若此山并包罗列,又兼其胜绝,飒爽溟滓,参诸造化,若开辟之素有"。各山体又各有主题,分别为各具特色的景观:山骨暴露,峰棱如削,飘飘然有云姿鹤态,则曰"飞来峰";高于雉堞,翻若长鲸,腰径百尺,植梅万本,则曰"梅岭";接其余冈,种丹杏、鸭脚,则曰"杏岫";增土叠石,间留隙穴,以栽黄杨,则曰"黄杨巘"……从这些题署的名目足以看出,富有意境追求的景观审美已成为园林艺术的根本目的,而皇家园林从畋猎、游乐向艺术创造的转变也于此时最终达于完成。

苑囿之外,大臣贵戚的私园数量更多,都城左近,百里之内,园圃相接,略无阒地;甚至庙宇、酒楼,也设置池馆,以吸引游人。宋代园林在使用功能方面不同于前代的一个重要之点,在于它虽为园主所专属,但逢年过节每向市民开放,具有现代意义上的"公园"性质。如《东京梦华录》中列为汴梁市民探春游览的名园十余座。城东南陈州门外,供公共游豫的园馆尤多,连皇家的金明池和琼林苑也在三月一日至四月八日开放,任人游览,商贩杂艺人等布列苑中。这种情况,撇开周文王灵囿的与民同乐不论,在唐代以前是根本不可能发生的,它充分反映出市民阶层的成长壮大给造园艺术带来了新的需求。

私家园林在汴梁之外者也颇有可观,尤其是西京洛阳作为北宋官僚致仕后的退隐之地,造园之盛,不减东京,仅《洛阳名园记》所录就有二十四处。著者有富郑公园、董氏西园、董氏东园、环溪、丛春园、归仁园、苗师园、赵韩王园、独乐园、湖园等。其中许多园林是在唐代旧园的基础上改建而成,因此园内多有古树、古迹。各园不以筑山取胜,而以水景、花木或建筑见长,虽无定式而各有特色,故园林但称"园池""园圃"而不称"山池"。其中有些园林也向外人开放,但主要供园主作终老恬养之计;由于宋朝的官僚几乎都是文才清赡的士大夫,所以这一时期的私家园林相比于前此门阀世族的私园,更加浓于文人的高雅气息而绝去奢华。当时的山水画家郭熙在《林泉高致》中曾论山水画的功能,在于"不下堂筵,坐穷泉壑";造园艺术作为立体的山水画,"可行,可望,可游,可居",所体认的也正是这一文人的高致。所以,与皇家及早期园林明显不同,此时的私家园林不仅止于自然之美的追求,而且进一步突出了以园鸣志的人文气象和精神功能,如晁无咎在济州金乡葺园名"归去来园",其景观的构思皆仿效陶渊明的《归去来辞》。庐舍登览游息之地,一户一牖,皆摭陶诗以名之,如"松菊""舒啸""临赋""退观""流憩""寄傲""倦飞""窈窕""崎岖"等等,意在"日往来其间则若渊明卧起与俱";司马光的"独乐园""读书堂"是仰董仲舒而建,池岛钓鱼庵取意于严子陵,采药圃仿佛于韩康,浇花亭意在白乐天,种竹斋渴慕王子猷,见山台则取陶渊明,无不在景观主题和意境营造方面表现出深静的人文意蕴;苏舜钦的"沧浪亭"澄川翠干,光影会合于轩户之间,尤与风月为相宜,如此等等,不胜枚举,中国园林的文人化倾向,于此际得以正式完成。嗣后的园林,无论皇家园林还是私家园林,几乎都是遵循这一理想而进行规划、营造的。

南宋时,临安得湖山之胜,虽国力、财力均不足与北宋相埒,但造园艺术之盛殆有过之而无不及。当时大内御苑虽仅十来处,且规模不大,但西湖及周围山区一带,贵戚、官僚、宦官的私园不下四五十处,歌舞游豫,暖风熏人,略无虚日。此外,吴兴是南宋达官权贵的退居之地,一如北宋的洛阳,因此当时的园林亦达三四十处之多。大率面湖依山,收太湖万顷波涛,借群山层翠叠嶂,尽入园内,而尤以水、竹、柳、荷见长,富有江南水乡特色,叠石更因就近之便,极盛一时,至出现了专门的行业,称为"山匠"。平江则继承五代、北宋的传统,造园艺术仍兴盛不衰,除城内园林外,郊区石湖、天池、尧峰山及洞庭东、西山等风景区,都有权贵的园墅。

与两宋先后对峙的辽、金,在文化上都奉汉族为正朔,建筑艺术亦不例外。尤其是燕京宫阙的营造,辽太宗启之在前,金太祖继之在后,至海陵王时又模仿汴梁北宋旧规,园林构筑之频繁不下于两宋,如琼林苑、熙春园、广乐园、东明园、芳苑、南苑、西苑、北苑、东园、南园、西园、后园、环秀亭等,在中都北郊又造离宫大宁宫,南都造离宫建春宫。据文献记载,这些宫苑,"宫阙雄丽为古今之冠",可见主要是沿袭汉族的皇家园林,与私园的文人化倾向尚有一定距离。

元朝以蒙古族统一中国,历时不足百年,社会经济受到严重破坏,民族关系相当紧张,但汉族文化尤其是文人文化却获得长足的发展。反映在园林建筑方面,论皇家园林,大都苑囿之盛远远超过金之燕京。太液池环绕万岁山,池西建有兴圣宫、隆福宫、御苑、西前苑、万春园等,日光回彩,金碧辉煌,其气象绝非金之大明宫所能比拟。论私家园林,虽数量不多,但质量颇高,对明清私家园林有着直接的影响,著名者如天如禅师所建苏州狮林寺后花园狮子林,中书丞胡相致仕后归老长安樊川所建的别墅,平章廉希宪建于樊川的泉园,江苏太仓瞿逢祥隐居的乐隐园,以及书画家赵孟𫖯、曹知白、倪云林、顾阿瑛等,都有自己的园林,常常招邀文人胜士,逍遥于嘉花美木、清泉翠石间,论文赋诗,挥麈谈玄,援琴雅歌,觞咏无算,风流文采,不减古人。

明代承元代之余绪而突飞猛进,成为中国造园史上的又一个黄金时代。但苑囿不多,主要是利用原太液池、万岁山改建成西苑;京城西北郊的瓮山、玉泉山、聚宝山、香山一带,寺庙、园林隐现于山水林木之间,不一定都是皇家所建。至于私家园林,则于此际趋于集大成,达官、贵族、文人竞相造园,实物遗存则多分布在北京、南京、苏州及太湖周围的城市。北京的积水潭、海子一带及城东南泡子河周围,地近湖边,风景优美,既便于借景,又可引水入园,因此园墅麇集达十余处;西郊则有海淀勺园与李园,西南郊又有梁园等著称于时。南京的情况一如唐、北宋的洛阳和南宋的湖州,私家园林有三四十处,仅中山王徐达后世即拥有园林十余处。苏州更于此际成为江南园林的中心、中国园林的渊薮,如现存的拙政园、留园、艺圃、五峰园等,都创建于明中、晚期。苏州之外的一些江南城市,如杭州、松江、太仓、常州、无锡、扬州等,私园之盛,亦如日中天,方兴未艾。

由于造园艺术的兴盛,这一时期还出现了一批专业的造园家和关于造园技艺的专著,如张南阳、计成、张涟、米万钟、林有麟、周秉忠、陆迭山等。他们中有不少原是文人,兼长绘画,又参与造园设计和施工,愈使造园艺术染上浓郁的文人色彩和诗情画意。其中计成所著《园冶》与文震亨所著《长物志》，均较为系统地阐述、总结了文人的造园主张、明末江南一带的造园技术和园林审美的艺术特点，是中国古代两部重要的造园专著。

中国造园艺术的集大成，始于明，成于清，因此，谈论园林，历来是将明、清相提并论的。两者不仅在艺术风格上有共同的追求，在技术手法上亦有共同的要求；而且，事实上，明代所造的园林实物，也无不经过了清代的重建、改建或扩建，可以说是一而二、二而一的。

清朝对汉文化的继承发扬可谓不遗余力，皇家园林的营造，论规模之大、数量之多、建筑之巨，是任何一个朝代所不能比拟的。前期除利用并扩建西苑外，康熙起即在北京西北郊兴建畅春园，在河北承德兴建避暑山庄，经雍正至乾隆朝达到造苑的最高潮。西北郊一带土木大兴，苑囿迭增，尤以圆明园和颐和园的规模为最大。这样，明代原有的西北郊风景区几乎全部为皇家所独占，当时的帝王，大部分时间都住在苑囿离宫中，只有举行祭祀、重大典礼的一段时间才回到紫禁城来。从康熙至咸丰，除乾隆外，其他几个皇帝都死于苑中，苑囿实际上成了清帝的主要居住场所和宫廷政权的所在地。

与此同时，私家园林也如雨后春笋，涌现于全国各地。尤其是康熙、乾隆多次南巡，江浙一带为迎接圣驾，更掀起了一场空前绝后的造园高潮。仅以扬州而论，自瘦西湖至平山堂一带，沿湖两岸布满官僚富商的园林，楼台画舫，十里不断，连寺庵、会馆、酒楼、茶肆，也都引水叠石，莳花栽木，蔚为风气，论者以为足可"肩随苏杭"。

造园实践增多，造园技术和艺术水平也迅速提高，从清初至清中叶，江南一带名手辈出，如张然、华滟、李渔、石涛、仇好石、戈裕良、大汕、陈英猷、刘蓉峰、周师濂等，皆名著一时。李渔著《一家言》，专谈园林营造的技术和艺术问题，其意义不下于计成的《园冶》、文震亨的《长物志》。

嘉、道以后，内乱外患，传统的造园艺术一度遭到严重破坏，如《水窗春吃》记扬州园林之盛为"乾隆六十年物力人力所萃",至"嘉庆一朝二十五年,已渐颓废",己卯(1819)"尚存十之五六",至戊戌(1838)仅逾二十年,荒田芜草已多;《履园丛话》亦记乾隆五十二年(1787)至扬州,其园林之盛"宛入赵千里仙山楼阁","今隔三十余年,几成瓦砾场,非复旧时光景矣"。其他各地的公私园林,情况大体相近。清政府镇压太平天国以后,为了粉饰太平,又在全国范围内掀起了一次畸形的造园高潮,皇家有二修颐和园之举,江南诸城也纷纷兴建或重建私家园林,尤以苏州为盛。但因物质和精神各方面的原因,多数作品已走上了烦琐堆砌的末路,格调庸俗,艺术水平大为降低。

二、中国园林的审美特征

中国园林从向往神仙世界到流连山林境界的转轨,在审美特征方面表现出明显的差异。大体上说,唐代之前的园林以神仙世界的向往为主,不仅皇家苑囿的一池三山奇谲诡丽,就是文人士夫的林泉高致也与神仙世界藕断丝连,如谢灵运《登江中孤屿》诗:"想象昆山姿,缅邈区中缘;始信安期术,得尽养生年。"又《石壁精舍还湖中作》:"虑淡物自轻,意惬理无违;寄言摄生客,试用此道推。"而唐代以后的园林则以山林境界的流连为主,不仅文人士夫的林泉高致淡泊宁静,就是皇家苑囿的设计构思也以山林境界为典型的标准,如清代苑囿的景观和题名多为烟波致爽、延熏山馆、水芳岩秀、濠濮间想、青枫绿屿、香远益清、沧浪屿、畅远台、冷香亭、澄观斋、翠云岩、宁静斋等,其造意可想而知。

今天,一般论述"中国园林的审美特征",主要是就以山林境界为尚的园林而论。而根据文献记载并结合实物遗存,约可概括为六点:一是立意构思,二是掇山理水,三是亭台楼阁,四是莳花栽木,五是题名点景,六是诗情画意。这六点,不妨称为"园林六法",它们既是园林创作的尺度,同时也是园林评判的标准,集中地反映了传统园林艺术不同于其他建筑艺术,包括不同于西方造园艺术的审美特色。

（一）立意构思

所谓"立意构思",相当于绘画"六法"中的"经营位置",是一座造园艺术成功与否的先决条件,具体可分为三个步骤:座基选地、总体布局、景观组合。

座基选地即《园冶》中所称的"相地",即园林的建造位置选在什么地方、划分多大的空间范围,一般地说,只有"相地合宜",才能"构园得体"。而撇开古代的堪舆观念和园主的具体审美好尚、经济实力等因素不论,造园家大多将园址选在天然的山水形胜处,有山连脉、水通源,这样就容易取得融会于自然的效果,营造"城市山林"的文人意境。当客观条件并不理想,园址不得不选在地理环境较差,甚至被认为是不适宜造园的地方时,就需要通过造园家的努力进行难度更高的艺术创造。《园冶》中指出:"相地不拘方向,地势自有高低,涉门成趣,得景随形。或旁山林,欲通河沼,探奇近郊,来往通衢。胜选村落,借参差之深树,村庄远眺,城市便家,新筑开基不易,只栽杨移竹,旧园翻造妙也。自然之古木繁花,如方如圆,似偏似曲,如长弯而环壁,似扁阔以铺云也。高方欲就亭台,低凹可开池沼,卜筑从水面为贵。立基先究源头,疏源之去由,察水之来历,临溪越地,堪支虚阁,夹巷借天,浮廊可度。倘嵌他人之胜,有一线相通,非为间绝。借景宜偏,若对邻氏之花,才可招呼几分消息,收春无尽。架桥而通隔水,别馆堪图,聚石而叠围墙,居山可拟。多年树木,碍筑檐垣,让一步可以立根,斫数丫不妨封顶。斯谓雕栋飞檐之构易,荫槐挺玉之难成。相地合宜,构园得体也。"具体而论,又有山林地、城市地、村庄地、郊野地、傍宅地、江湖地之别。从现存实物来看,举凡成功的园林,无不在相地方面独具慧眼,然后才能事半功倍地进行匠心独运的艺术创造。

总体布局即在相定的空间范围内,根据客观的自然地理条件因地制宜,因势利导,进行适当分割,以体现园林的主体思想。一般把全园分成若干景区,每区各有特点,但又互相贯通,连为整体。分区的办法有用墙垣、漏窗的,有用厅轩、楼馆的,有用山池、花木的……在空间处理方面,除少数幽曲的小庭院外,较大的空间多不完全隔绝,而是利用走廊、漏窗等做成似隔非隔的情状,以增加景深和层次。各景区的空间和景物布置,主次分明,绝不平均分布。比较成功的园林,常常将某一景区扩大成为全园的重点即主景,再辅以若干小区即配景,以达到相互对比、衬托的效果。如颐和园的昆明湖和万寿山,北海的海子和琼华岛,拙政园的水面,个园的黄石大假山,都是各园的主景,所以给人的印象最为深刻。园中一般都有一条或若干条曲径通幽的观景路线,使游人在这些路线上所看到的不同景观像一幅幅连续的画面层层推出,峰回路转,柳暗花明,移步换景,不断地呈现于眼前。

　　景观组合却不同于景区的相互关系。某一景区既经划定以后,便成为园林中最小的空间单位。不管这座园林以什么为重点,或怎样进行景区的分割,每一景区都有它相对完整的独立性和观赏特点。所谓"景观组合"就是要调动各种艺术手段,在既定的总体布局中体现各景区相对独立的审美价值。通常所用的手法,有抑景、透景、添景、夹景、对景、隔景、框景、漏景、借景等。

　　抑景,又称"藏景",即把园林中的景点隐藏起来,不使游人一览无遗,然后再通过曲径转弯略展一角,撩人心弦,最后才豁然开朗,令人精神一振。一般园林的入口处多采用抑景,称作"先藏后露,欲扬先抑"。如苏州拙政园迎门挡以假山,类似于居宅建筑中的影壁屏障,称为"山抑";运用植物题材如一片树丛的,称为"树抑";也可以利用建筑题材,如苏州留园、怡园都要经过转折的廊院才能进入园中,称为"曲抑";北京颐和园入园后只见一座座华丽的宫殿,根本看不到一点园林的景致,直到绕过仁寿殿后,各种园景才纷至沓来。抑景的运用,不限于入口处,在园中处处都可看到，它生动地反映了中国传统艺术讲求含蓄、幽邃、深藏不露的审美特色。

透景，即当观景点四周有阻挡向其他景区观赏视线的植物或建筑物时，就需要在这些阻挡物中开辟出一条或几条观景线，使游人在观赏观景点景物的同时，游目骋怀，把其他景区的景物也透入观景点的视线中来。这样，不仅丰富了观赏的内容，而且往往可以取得更理想的观赏效果——因为，事实上，有些景区的景物置身于该景区并不一定能获得最佳的观赏效果，所谓"不识庐山真面目，只缘身在此山中"；而当移足别驻，置身景外，反观此景，反而有可能别有会心。古人所谓"隔帘看月，隔水看花"，正如透景的造园手法一样，反映了传统艺术创作中运用距离化、间隔化的条件酝酿空灵深静、虚旷淡泊的审美意境的特点。

添景，即当观景点与远方的对景之间为一大片水面或中间没有中景、近景为过渡时，为了加强景深的感染力，就需要在观景点至对景之间添景。一般以体形高大、花叶美观的乔木作为添景的题材，如乌桕、柿子、枫树、香樟、榕树、银杏、木棉、玉兰、凤凰木等。添景与透景的手法相反，但审美的目的则是完全一致的。

夹景，即在游览路线的两边或两岸，用山石、树丛或建筑作配景点缀，使得该路线所指向的景区主景，从左右配景的夹道中透入游人的视线，以增添游人寻幽的兴味。如在颐和园后山的苏州河中划船，前方的苏州桥为两岸起伏的土山和林带所夹峙，显得格外明媚动人。

对景，即能互相观赏、互相烘托的构景手法。如在颐和园的知春亭，既能观赏到园内万寿山、夕佳楼诸景，又能观赏到园外西山、玉泉山诸景。而在万寿山诸景点，亦能观赏到知春亭，则知春亭分别与万寿山、夕佳楼、西山、玉泉山等构成对景。由于对景的运用，使得每一景区的观赏内容更加丰富多彩，游人可以近观观景点之质，远观对景点之势。对景的规划视实际情况而定，有时一个景点只能有一处对景，有时则不妨四面对景。

　　隔景，又称"障景"，即将不同的景区分隔开来，与透景、对景等手法正好相反，目的是强调不同景区各个不同的相对独立性。这一手法在园内的运用类似于抑景，以便使得从这一景区到另一景区的过渡能给人以突然的惊喜；而在处理园景与外界景物的关系时，多因为外景平淡无奇，不堪对借，反而会对园景之美造成破坏，因而用隔景的手法把它从视线中排除出去。如在颐和园苏州河南岸向北观望，只见山坡上苍松翠柏，山脚下柳丝花影，一派秀丽景色；而小山之后为园墙，园墙之外为车水马龙的公路，与园景格格不入，均被隔离在外。隔景的材料，或用建筑，或用山石，或用乔木、灌木，或综合利用，尤以用树木者最为经济便利。

　　框景即利用画框式的门洞、窗洞、框架或乔木树冠抱合而成的空隙把远处的对景框起来，使真实的风景产生图画一样的效果而更具观赏的价值。据李渔《一家言》："开窗莫妙于借景，而借景之法，予能得其三昧。"李渔在西湖闲居时，构湖舫一艘，窗格四面昔实，中虚为扇面形，坐于其中，则两岸之湖光、山色、云烟、竹树，尽入便面之中作天然图画，摇橹变象限，撑篙换景，一日之内现百千万幅佳山佳水；而岸上游人视湖舫，亦是一幅扇头人物——"同一物也，同一事也，此窗未设之前，仅作事物观，一有此窗，则不烦指点，人人俱作图画观矣"。今天我们还能看到的古代园林实物，门洞、窗洞，框架的形制多样不一，无不仿效书画装裱的形制而来，目的正是为了使自然景物转化成为天然图画。如静坐室内，室外蕉竹为窗洞所围框，又以粉墙为背景，点、线、面皆涵骨法用笔，意境之高雅，虽画师难以措手。

　　漏景是由框景进一步发展而来的，即在围墙和穿廊的侧墙上开辟出不同图案的漏窗，用以透视园外或相邻景区的风景。漏窗的图案有几何纹样、动物纹样，尤多植物纹样，如老梅、修竹、石榴、葡萄等；这样，漏窗图案与透视的真实风景相叠合，便使得漏景成为人工图画与天然图画合而为一的一种艺术处理手法。据李渔《一家言》，漏窗的发明纯属一种偶然的发现。有一年水灾,斋头淹死榴、橙各一株,伐而为薪,坚不可入,堆积于阶下累日,一日思辟窗,幡然而悟顺其自然,略施斤斧,置作天然之窗,剪彩作花缀于疏枝细梗上,名曰"梅窗",见者无不叫绝。而从审美心理的渊源来看,当人们已对窗外花木构成的框景留下了难忘的印象时,每至花木凋落之际,便会想到要用人工漏景来弥补框景的天工之不足。

借景也即借用园外的风景收入园内,以丰富、开拓园林的观赏内容和意境空间。因为任何园林的内容和空间都是有限的,要想化有限为无限,仅仅在园林景区规划时通过曲径通幽的分割手法造成深邃幽远的艺术效果还是远远不够的,只有把园林融会到大自然之中,才能取得永恒的意义和价值,诚如苏轼在《前赤壁赋》中所指出:"且夫天地之间,物各有主,苟非吾之所有,虽一毫而莫取;惟江上之清风,与山间之明月,耳得之而为声,目遇之而成色,取之无禁,用之不竭,是造物者之无尽藏也,而吾与子之所共适。"所以,计成《园冶》明确表示:"夫借景,林园之最要者也。"具体而分则有远借、邻借、仰借、俯借、应时而借等,如北京颐和园借景于西山、玉泉山属于远借;邻借与远借只是远近距离不同,一般园林围墙窗格对墙外近景的框借便是邻借;外景高则为仰借;外景低则为俯借;一年四季、朝暮阴晴之景不同则为应时而借。因为有了借景,所以一园而可以有无穷无尽的形态意趣,这一点是景区规划时"意在笔先"的关键性环节。

(二) 掇山理水

在设定造园的大局——景区规划之后,接下来就需要对各种园林要素进行具体的处理,使得规划的意图得到实际的落实。而掇山理水则是园林诸要素中的第一大要素,尽管在实际施工中其程序是摆在建筑物的构造之后的,原因是先立建筑对于施工过程中的生活起居更加方便。

山水原是由不同的地形、地貌而形成的自然景观。中国园林艺术无论早期的以神仙世界为重,还是后期的以山林境界为尚,对山水自然景观的模仿成功与否都是造园成败的关键所在。宋代郭熙在《林泉高致·山水训》中指出:"山,大物也。其形欲耸拔,欲偃蹇,欲轩豁,欲箕踞,欲盘礴,欲浑厚,欲雄豪,欲精神,欲严重,欲顾盼,欲朝揖,欲上有盖,欲下有乘,欲前有据,欲后有倚,欲上瞰而若临观,欲下游而若指麾,此山之大体也;水,活物也,其形欲深静,欲柔滑,欲汪洋,欲回环,欲肥腻,欲喷薄,欲激射,欲多泉,欲远流,欲瀑布插天,欲溅扑入地,欲渔钓怡怡,欲草木欣欣,欲挟烟云而秀媚,欲照溪谷而光辉,此水之活体也。"这是山水画之体,同样也是造园艺术中掇山理水之体。所谓"仁者乐山,智者乐水",作为澄怀味道的观照对象,山水的掇理在园林诸要素中理所当然地占有突出的位置。论者或以为,园林之有山,如人之有骨骼;园林之有水,如人之有血脉,这种观点,不是没有道理的。

园林中的山,按其质料构成分类,有用土的,有用石的,也有土石相间、土多石少或土少石多的;江南园林中,以石山最为多见,尤其是小山,更需以石为主。按其大小和位置,则又可分为连贯全园的园山、某一景区院落的院山和单峰三类。由于园林中的山石都经过了精心的挑选、加工,所以无不姿态入画,轮廓曲折,比之自然的山石更加美观。尤其是石山、石峰的修理,要求甚严,除了选取上品的石材外,还得用挑、飘、透、跨、连、悬、垂、斗、卡、剑等一系列的叠石技法,叠成造型奇特、构图优美、各面成景的假山,以营造理想的山居氛围。计成《园冶》中论掇山的方法和要求甚详:"掇山之始,先为桩木,较其长短,察虚实,随势挖其麻柱,晾高挂以称竿,绳索坚固,扛抬稳重。立根铺以粗石,大块满盖桩头,堑里,扫查灰,着潮尽钻山骨,方堆顽夯而起,渐加以皴文,瘦漏生奇,玲珑安巧。峭壁贵直立,悬崖坚其后,岩峦洞穴莫穷之,洞壑坡矶俨是之,信足疑无别境,举头自有深情,蹊径盘且长,峰峦秀古,咫尺山林,妙在得一人,雅从兼半土。假如一块中坚为主石,两条旁插,呼劈峰,独立端严,次相辅弼,势如排列,状若趋承。主石虽忌居中,可宜中者,劈峰总较不用,岂断然用乎？排如炉烛花瓶，列似刀枪剑树，峰虚五老，池凿四方，下洞上台，东亭西榭，罅堪窥管中之豹，路类张孩戏之猫。小藉金鱼之缸，大若鄼都之境，得致时宜，古式何裁？深意画图，余情丘壑，未山先麓，自然地势之嶙嶒，构土成冈，不在石形之巧拙。宜台宜榭，邀月招云，成径成蹊，寻花问柳。临池驳以石块，方有磨夯之用，结岭挑之，土堆高低，致多观之。欲知堆土之奥妙，还拟石理之精微。山林之意深求，花木之情易逗，有以真为假，做假成真，稍动天机，全叨人力。"同书中又列论园山、厅山、楼山、阁山、书房山、池山、内室山、峭壁山、山石池、金鱼缸、峰、峦、岩、洞的不同要求，于选石则推重太湖石、灵璧石、昆山石、宜兴石、龙潭石、青龙山石等。李渔《一家言》并不着眼于山石的品名，而更强调通过磊石叠山来体认文人雅士的清隽情韵。否则的话，石材再名贵，费累万之金钱，不过如扶乩召仙，山不成山，石不成石。而这种雅致的体认，反映在大山、小山、石壁、石洞、零星小石的堆叠方面，情况是个个不同的。如大山不妨"盛土"以筑，既减人工，又省物力；小山以石为主，尤以透、漏、瘦为美；隙地可立石壁，或正面为山，背面为壁；洞宽可坐人，太小可联屋；贫土之家则可以零星小石代椅榻栏杆几案。现存古典园林的山石实物，原则上都可与上述二书的论述互为印证。

园林中的水，有湖、池、沼、河、溪、涧、泉、瀑等等，一般可分为动、静两种，如河流、溪涧、泉瀑都是动态的水，湖泊、池沼都是静态的水，动静相辅，最终都必须体认平淡、虚静、素朴的文人意趣。为此，对于水面的安排，必须根据水源和园内地势的具体情况，加以顺乎自然的引导疏通，使得大小、主次、分聚、动静互有联系又有对比。岸曲水洞，似分还连，虽人工开凿亦富自然情趣，虽一勺半边亦觉曲折幽邃。有的园林以水景为主，对理水当然更加精心措意。文震亨《长物志》中完全不谈掇山，对理水则条分缕析，正可见当时风气之一斑。书中说："园林水石最不可无……须修竹老木，怪藤丑树，交覆角立，苍崖碧润，奔泉泛流，如入深岩绝壑之中，乃为名区胜地也。"论"广池":"凿池自亩以及顷,愈广愈胜,最广者中可置台榭之属,或长堤横隔,其中杂植江蒲岸苇,一望无际,乃称巨浸。若须华整,以文石为岸,朱栏回绕。中忌留土,俗如战鱼墩或拟金焦之类。池傍植垂柳,忌桃杏间种;中畜凫雁,十数为群,方有生意。最广处可置水阁,必如图画中之佳也,忌置牌舍于岸侧。植藕花,削竹为阑,忽使蔓衍,忌荷叶满池,不见水色。"论"小池":"阶前石畔凿一水池,必以湖石四围,泉清可见底,中畜朱鱼,翠藻游泳可玩。四周能树野藤细竹,掘地稍深,引泉脉者佳,忌方、圆、八角诸式。"又论"瀑布":"山居自高引泉而下,为瀑布稍易。园林中欲作此,须截竹长短不一者,尽承檐溜,暗接而藏石罅中,以斧劈石叠高下,凿小池承水,置石林立其下,雨中能使飞泉喷薄,潺湲有声,亦一奇也。尤宜松间竹下,青葱掩映,更自可观。亦有蓄水山顶,客至去闸,水由空直注者,终不如雨中承溜为雅。"今天,我们参观苏州园林,不少作品的理水之法正与文氏所论波澜相沿。

(三) 亭台楼阁

亭台楼阁,泛指园林艺术中各种各样的单体建筑物和构筑物,它们与一般宗教、政治、商业、住宅等性质的建筑物具有完全不同的功能、要求和造型形象,从而达到与园林整体氛围的协调。在园林艺术中,建筑是纯粹的人文景观,山水,包括花木则是人工模仿的自然景观。而园林,尤其是文人私家园林的意境,旨在山林境界的营造。因此,一般地说,在园林诸要素中,山水是主,建筑为宾;当然,在某一具体的景区,建筑也可以成为主要的景观。

园林建筑的种类相当之多,常见的有厅、堂、楼、阁、亭、台、榭、廊等等。厅用于会客宴请、观赏花木或堂会演唱,要求能容纳众多的宾客,所以空间较为宽大高敞;堂是园主一家之长的居住处,也用作家庭庆典的场所,空间稍小于厅;室内常用桶扇、博古架进行分割;楼为两重以上的房屋,多位于厅堂之后,一般用作卧室、书房,或用作观赏风景的观景点;阁近似于楼而更精巧,多为两层、四面开窗,用以藏书、观景或供奉佛像;亭是憩息观景的场所,同时本身也是富于观赏性的景观对象,在游览的路线上,因地随形,大小不一,式样较多,因以风姿绰约为宜;台多建于高处,便于游目骋怀,观眺园墙内外、四面八方的风景;榭的突出之点是建于水边,傍岸临水,立面开敞,跨水部分由石构梁柱支撑,专供点饰水岸和观赏水景之用;廊为园林的脉络,在园林建筑中至关重要,既起到连接建筑与建筑的作用,同时又是划分空间、组成景区的手段,而它本身也成为园中之景,随势曲折者谓之游廊,愈折愈曲者谓之曲廊,不曲者谓之修廊,容徘徊者谓之步廊,入竹者谓之竹廊,近水者谓之水廊。一般建筑物对于景物的观赏,宜于静观而不宜动观,而廊对于景物的观赏,则动静咸宜。无论哪一种类型的建筑,其形体、大小、比例、位置、疏密、高下,均视功能和构图需要而随机应变,灵活运用,而造型轻巧淡雅不求瑰玮庄严,装修精致灵动不求富丽华赡,空间开敞流通不求封闭森严,则是共通的基本要求,即使皇家园林也不能例外。否则的话,便无法与淡泊的山林境界相和谐。空廊、空门、空窗、漏窗、透空屏风、桶扇、博古架等手法的运用,使空间组合的处理达到很高的境界。建筑物内部,建筑内与建筑外,建筑与建筑之间,建筑与景物之间,都能融为一体,相互生发,富于诗情画意。

此外,墙垣、道路、舟桥等构筑物,也是园林建筑要素中的重要内容。如墙垣有白粉墙、磨砖墙、漏砖墙、乱石墙等,曲折高下,既可用于分隔空间,又可起到对景物的衬托或遮蔽作用。花竹映于墙面,还可构成天然的水墨画境。园林中的道路不只是简单的通道,更是画面上组织景色观赏点的连线,而其本身的巧妙处理和别致安排,则既讲求因景设路,同时也有因路设景的情况。或临池岸,或过洞穴,或迂回于平地,或登攀上峻峰,抑扬顿挫,务求曲径通幽。路面有石板地、砖墁地、乱石块、鹅子地、水裂地,通常称为"甃地",极富装饰的意趣。园林中的舟桥是为观赏水景而设,一般都比较本色淡雅,皇家园林中湖面较开阔者也有略为华赡的舟桥。

(四) 莳花栽木

园林中的花木与山水一样,也是经过人工加工的自然景观,而成为造园艺术中不可缺少的一个要素。它们既可以独立构成景色画面,又可以起到围合空间、反映时间、点缀山池、修饰建筑、组织道路、对比尺度、配衬主景、丰富层次、和谐色调的诸多作用。一般私家园林的花木,以单株欣赏为主,较大的空间也有成丛成林栽植的;有落叶树与常绿树结合,也有一种树单植或各类树间植,尤以"老"为难得,略有几株,能加强园林苍古深郁的历史氛围。庭院中多种植饶有姿态或色香俱佳的花木、果树,廊侧或小院中常散置芭蕉、小竹或花台、盆景,至于老梅宜冬、紫藤迎春、莲荷消暑、丹桂送秋,以配合时令都是园林花木处理的惯用手法。《醉古堂剑扫》中提到,"以三亩荫竹树,栽花果,二亩种蔬菜","庭前幽花发,披览既倦,每啜茗对之,香色惊人,吟思忽起,随歌一古诗以适清兴","客来煮茗,或茗寒酒冷,宾主相忘,共居山谷相望,暇则步草径相寻"。所以,历来以花卉、园艺并称,可见莳花栽木在园林要素中的地位。

园林的花木栽植,不仅仅为了绿化,更是点缀、营造山林氛围所必不可少的素材。窗外花树一角,花影移墙,蕉竹分翠,碎叶忌风,即折枝尺幅;山间古树三五,幽篁一丛,又分明枯木竹石图卷。山间植树之法有二,或只植大树而虚其根部,则石根显露,有清逸之风;或栽以丛竹灌木,攀以藤萝,则有沉郁之感。滨河低湿之地,宜柳条拂水、荻苇偃风;墙阴阶前,则以爬山虎、修竹、天竺、秋海棠等更为高洁耐赏;而宽敞的庭院,又可种牡丹、紫藤、玉兰、海棠、桂花等形体高大、色彩艳丽的花树。莳花栽木,各园也有品种方面的个性,如留园多白皮松,沧浪亭多箬竹,怡园多松、梅;一园之中,不同的景区亦各有个性,如留园西部植松,闻木樨香轩前植桂等等,无不与主题相吻合。岭南园林多热带花木,高树深池、花团锦簇,故能与他处园林争衡而不害其雅。虽然弄花一岁,仅供看花十日,但林泉之志不可或缺,尤其是竹,几乎无园不栽,而无竹也是不能成园的,可谓是"不可一日无此君",文人的况味如此。

中国的花卉园艺,溯其根源当在原始社会。至周和汉的皇家园林,园树与果树加在一起,已达到相当大的规模,并设有专门管理园圃的编制。到了唐代和宋代,更出现了许多有关花木栽培的文献专著,反映出造园的日盛,对于花木的要求也不断发展、提高。上古的园林中还畜有许多珍禽异兽,作为重要的景观内容,至宋徽宗艮岳犹然。但自文人园林肇兴,珍禽异兽原则上不再作为造园的要素,偶尔畜有一二猕猴、鹦鹉之类,亦无伤大雅;而凿池孳鱼,移花得蝶,植木引鸟,作为莳花栽木的必然副产品,显然更足以加强园林的自然氛围。

(五)题名点景

从创作的角度来看,题名点景是造园诸要素中的最后一笔,其意义如绘画之有题款,谈言微中,而一局之意境,往往赖此而被点醒。《红楼梦》第十七回"大观园试才题对额"中描写大观园工程告竣,各处亭台楼阁要题对额,说是:"若大景致,若干亭榭,无字标题,任是花柳山水,也断不能生色。"由此可见园林之题名,是为了起到点景的作用。

题名有针对整个构园的,则必有托意,以见园主之高致。其托意,可以是主观的,如苏州拙政园因园主王献臣官场失意,遂取潘岳《闲居赋》"亦拙者之为政"命名;也可以是客观的,如常州近园因园主杨兆鲁"经营相度,近似乎园"而命名。此外如寒碧山庄、梅园、网师园等等,皆可顾名思义。

一园之名是全园的主题,园中又分若干景区,同样需要题名,则多针对某一景区特点而发,起到点景的作用。譬之以作文,则如大题目下的小标题,小标题中甚至还可分出章、节、目等。如避暑山庄的三十六景,圆明园的四十景。每一景区之内,或针对山水,或针对建筑,或针对花木,题景不一而足。题景的形式多用匾、额、联等形式,据李渔《一家言》,有册页匾、虚白匾、石光匾、秋叶匾、碑文额、手卷额、蕉叶联、此君联等,本身就都是极富玩赏性和趣味性的一种藻饰形制,施之于园林建筑,更有点睛传神之妙。其材料则有砖刻、石刻、板对、竹对、板屏、大理石屏等,色彩朴素淡雅,与园景的清静、题词的隽永,真如天然凑泊。有些建筑的楹联内容,不一定与园景直接有关,主要是为了起到装饰的作用而不是点景作用,但平淡天真以隽雅为尚则是没有疑问的,所以归根到底还是可以加强园林的山林自然氛围。除施于建筑物外,也可于山石上题名,则俨然是名山胜景摩崖题名的缩小。至于题名的书体,以篆、隶、行书为多,取其古朴与自然,而罕用正楷,以绝去馆阁气象。

举凡园林的造景,无论俊秀、玲珑、曲折、幽深,都必须以清淡高雅为宗旨,否则便沦于庸俗。而清淡高雅正是书生本色,也就是所谓书卷气,题名点景,则是书卷气的最后也是最高体现,它真正使得建筑这一实用性很强的艺术形式,具有了足以与诗文、书画相媲美的人文精神。从造园的全过程来看,景区规划在前,即所谓"意在笔先",题名点景在最后,则一如顾恺之的传神阿堵。成功的园林题景,总能令人慢慢咀嚼、细细品味,疏瀹而心,澡雪精神,烦襟涤除,尘嚣顿尽;相比之下,皇家园林的题景往往由帝王操翰,所以带有一言九鼎的严重性,虽也有追求清淡的倾向,终究缺少令人玩味的余韵,如避暑山庄的金莲映日、长虹饮练、丽正门、颐志堂等。

(六) 诗情画意

经过题名点景,一座园林便正式完成。一种生生不息的山林气氛便弥漫其间,我们称之为"诗情画意"。这里所谓的"诗",主要是指神韵派空灵幽雅的诗而言;而所谓的"画",主要是指"南宗"平淡天真的画而言。

中国古代的园林，园主多为文化修养很高而又对人生持超然、通脱态度的文人士大夫。他们大多精谙神韵派的诗文，有些本身便是神韵诗派的代表作家，如唐代辋川别业的主人王维，宋代沧浪亭的主人苏舜钦、盘洲园的主人洪适、石林园的主人叶梦得，明代弇山园的主人王世贞，清代芥子园的主人李渔等等。他们对于园林的创意，自然要求合于空灵、蕴藉、轻淡、含蓄、简约、隽永的原则。而由于从唐代以后，文人的私园成为中国园林的主流和模范，因此，即使园主不是神韵诗派的文人，而是帝王、贵族或僧侣、商贾，他们的园林创意，基本上也是步神韵诗派的后尘，庶几远俗而近雅。

在中国文学史上，遗留下来的大量以园林为吟咏对象的诗文，可以作为中国园林艺术之"诗情"的具体印证，如唐代祖咏《清明宴司勋刘郎中别业》：

> 田家复近臣，行乐不违亲；
>
> 霁日园林好，清明烟火新。
>
> 以文常会友，唯德自成邻；
>
> 池照窗阴晚，杯香药味春。
>
> 栏花花覆地，竹外鸟窥人；
>
> 何必桃源里，深居作隐沦。

唐代王维《辋川集》：

> 空山不见人，但闻人语响；
>
> 返景入深林，复照青苔上。（鹿柴）
>
> 秋山敛余照，飞鸟逐前侣；
>
> 彩翠时分明，夕岚无处所。（木兰柴）
>
> 吹箫凌极浦，日暮送夫君；
>
> 湖上一回首，山青卷白云。（欹湖）

木末芙蓉花，山中发红萼；

洞户寂无人，纷纷开且落。（辛夷坞）

神韵派的诗文，通于南宗的绘画，所谓"诗为有声画，画为无声诗""诗为无形画，画为有形诗"，两者的媒介虽格不相入，而意境则无有二致。园林的创意，既通于诗情，自然合于画意，它不仅是有形的诗，同时还是立体的画。因此，古代园林的园主，大多精于鉴赏南宗的绘画，有些本身便是南宗画派的代表作家；而造园的匠师，为了满足园主的意图和审美趣味，亦大多兼擅南宗的画道。如元代的朱德润、倪瓒，明代的米万钟，清代的石涛、任薰等等，都是以画家的身份参与造园的设计构思；而如叠石家张涟，吴梅村、黄宗羲都曾为之作传，指出其造园参考大痴、云林画法，以平冈浅阜、瘦石疏林取胜，云峰石色，绝迹天机，又进一步把园林意境与山水画法结合起来，在模仿自然的基础上妙造自然，别开生面；此外如张南阳、周秉忠等，无不精于绘事，洵非凡手。

在中国绘画史上，遗留下来的大量以园林为描绘对象的作品，同样可以作为中国园林艺术之"画意"的具体印证，如倪瓒的《水竹居图》、沈周的《青园图》、王翚的《苏州艺圃图》、吴儁的《拙政园图》、汪荣的《随园图》、王学浩的《寒碧山庄图》、任熊的《范湖草堂图》等等。

综括园林六法之间的关系，第一步立意构思，可比作园林的"形体"；第二步掇山理水，可比作园林的"骨骼""血脉"，因骨骼而形体得以"立"，因血脉而形体得以"生"；第三步亭台楼阁，可比作园林的"五官眉目"，有生命、能起立的形体因之而有"主"；第四步莳花栽木，可比作园林的"服饰""毛发"；第五步题名点景，可比作园林的"美容化妆"；第六步诗情画意，可比作园林的"精灵神采"——诗情画意的意境高低，当然全赖于前五法的步步得当与否，而直接牵涉到对一座园林成败的最终评价，同时，也是对造园匠师技艺工拙和园主襟怀雅俗的最终评价。

三、中国园林的分类

中国古代园林的类型划分,因不同的依据、不同的标准而各有不同的分法。

第一种分法根据园主的身份来划定,一般分为皇家园林和私家园林两大类。皇家园林的园主为帝王,私家园林的园主则为贵族、官僚、文人、商贾等。也有的于这两大类型之外,增加宗教祭祀园林、公共游豫园林两类,合为四类。宗教祭祀园林为宗教寺庙、祠堂的附属部分,如山西晋祠,北京潭柘寺、卧佛寺等都有园林;公共游豫园林则多位于风景名胜区,如杭州的西湖、济南的大明湖、北京的什刹海等,周围建有不少封闭的公私园林,而它本身也因此成了一座开放的大园林,大众可以随意游览、集市于其间。

用这种方法当然还可以分得更细,如各地方政府的衙邸多有建造园林的,商业会馆、茶肆酒楼等同样也有建造园林的。只是论艺术的成就,均无法与皇家园林、私家园林、宗教祭祀园林、公共游豫园林相提并论。

第二种分法根据园林所处的地理位置来划定,一般分为南方类型、北方类型、岭南类型三大类。南方类型集中于长江以南的南京、无锡、苏州、上海、杭州等地,江北的扬州也很有名,而尤以苏州为代表,大多面积狭窄,作风秀丽,为私家园林的典型;北方类型分布于黄河中下游的西安、洛阳、开封、济南和华北地区的北京、承德等地,尤以北京为代表,大多规模宏大,作风雄丽,尤以皇家园林为极致;岭南园林集中于珠江流域的潮州、汕头、广州、东莞、顺德、番禺等地,作风繁缛富丽,浓于亚热带的风光特点,但论气格无法比肩于北方园林,论品格又无法媲美于南方园林。

除南方、北方、岭南三大类型之外,东北、西北、西南、中南各地区同样也有园林的规划营造并各具特色,但总体成就不及三地,而艺术的手法大体上也不出三地的作风之外。

07 第七讲
皇家苑囿

皇家园林的营造,自三代至明清而不衰,它不仅用于统治者政事之余穷奢极欲的物质、精神享受,同时也反映着统治者对长生不老和神仙世界的向往。

　　今天能供我们游览观赏的皇家园林的遗存,多为清代的作品,集中分布于北京、河北一带。其布局一般有两大部分:一部分是居住和朝见的宫室,居于前面的位置,便于交通和使用;另一部分是供游乐的苑囿,处于后侧,犹如后园。如避暑山庄、圆明园、颐和园等,大体上都作如此布置。

　　清苑造景的指导思想,是集仿各地名园胜迹于园中。根据各园的地形特点,将全园分为若干景区,每区再布置不同趣味的风景点,如静明园有三十二景,避暑山庄有三十六景,圆明园有四十景,每景都有点景的题名。这种艺术处理手法实际上来自"西湖十景"等风景名胜区的传统,所以各地尤其是江南一带的优美风景,成为清苑造景的创作粉本。

　　由于政治上和生活上的特殊要求,苑囿建筑有其特定的布局形式,与一般的宫廷建筑风格有别。宫廷建筑多轴线对称,崇台峻宇,琉璃彩画,高脊重吻,极其严肃隆重。苑囿建筑除宫室部分外,则大都布置错落而随宜,显得轻松活泼,建筑式样变化多端,体量也比较小巧,能与地形紧密结合,与山石、花木、泉水打成一片,屋面以灰瓦卷棚顶为多,常不用斗拱,装修简洁轻巧,彩画素雅明净,有的甚至干脆不用彩画。但是,这种轻巧素雅的作风,只能是相对的而不是绝对的。相比于一般士大夫的私家园林而言,它又显得堂皇而壮丽,飞丹流金,一派皇家气象;特别是居室内部的装潢、陈设,更是华靡侈奢、珠光宝气,极其烦琐雕砌,与大内宫殿略无二致。私家园林的规模多比较小,占地不过十几二十亩,因此,在构图上多注重以对景、借景、隔景、透景等手法来丰富园林的意境;在建筑个体上多侧重于玲珑剔透的小木作工艺;山石池沼,大都假手于人工;花木的配置,亦以单株欣赏为主。苑囿的规模则要大得多,面积可达数千亩之巨,因此,在构图上更注重于选址,因地制宜地以真山真水作为造园的要素。如避暑山庄周围有二十多里,面积达八千多亩,园内有平原、湖泊、山地,山高都在几十米以上;颐和园也超过五千亩,园中万寿山高约 60 米,与昆明湖相映形成主景。在建筑方面,大木比例基本是官式做法,中心建筑为了与空间相匹配,体量和尺度也比较高大,并常有宫室、庙宇布置于苑中,成为重要的风景点或构图中心,其气派不同凡响。对景、借景、隔景、透景的手法和叠石开池等等,主要是在一些园中之园的小范围内被使用。而在大范围内,主要还是依靠堆土来形成山丘洞壑的地形起伏,再适当点缀山石池沼,使假山与真山、假水与真水相结合。至于花木的配植,亦多作群植或成林的布景,形成恢宏的气势。

一、西苑

西苑即三海,位于北京皇城内紫禁城西侧。最早是金中都的北郊离宫大宁宫;元时包入大都皇城,称为太液池;明时仍沿用,并在南端加挖了南海,合中海、北海为三海。清代因之,屡世增修,庙宇庭园,亭榭楼台,星罗棋布,均依各山各岛的地势而分布,三海面貌从此焕然一新。各组建筑物的布置原则,以一正两厢合为一院的基本方式为主而稍加变化。迄今所存,多为当时遗迹。

由于三海紧靠宫城,所以是帝王游憩、居住、处理政务的重要场所。清帝在城内居住时,常在苑内召见大臣、宴会公卿、接见外番、慰劳将帅、考校武科,冬天则在三海举行滑冰游戏。

三海水面皆曲折有致,各具姿态。其中,南海水面较小,布置以瀛台为中心。岛上建筑大都建于康熙年间,因小山之形势作不规则的四合院,楼阁殿亭与假山杨柳相辉映,至饶风趣。南海与中海之间为宽100余米的堤岸,其西端与西岸相连部分,有殿屋三十四院约四百间,以居仁堂、怀仁堂为主体,结构简朴如豪敞的民居,植以松柏杨柳、玉兰海棠,极其清幽雅驯。中海狭长,两岸树木浓荫中露出万寿殿、紫光阁,水中立一小亭,别有风致。

北海在三海中面积最大,达一千余亩,风景最美,建筑物也最多,大都为乾隆年间作品。全园布局以琼华岛为中心景点,池周环以错落有致的建筑群,与唐长安大明宫太液池的手法相似。南面寺院依山排列,直达山麓岸边的牌坊,一桥横跨,与团城的承光殿气势连贯,遥相呼应。北面山顶至山麓,亭阁楼榭隐现于幽邃的山石之间,穿插交错,富于变化。山下为傍水环岛而建的半圆形游廊,东接倚晴楼,西连分凉阁,曲折巧妙,饶有意趣。

琼华岛为金、元遗迹,又称万寿山、万岁山、白塔山。以土堆成,但北坡叠石成洞,长达百米,有出口多处,可通至各处亭阁。山巅元、明时为广寒宫,顺治八年(1631)改建白塔,并于半山建永安寺。康熙十八年(1679)、雍正九年(1731)因地震塌毁,先后两次重建。白塔为喇嘛塔,高35.9米,塔座为折角式须弥座,其上承托覆钵式塔身,正面有壶门式眼光门。塔身上部为细长的十三天,再上为两层铜质伞盖,边缘悬铜钟,最上为鎏金火焰宝珠塔刹。白塔亭亭玉立于绿荫浓密之间,为北海全园构图中心之中心。岛上另有漪澜堂、悦心殿、庆霄楼、琳光殿、阅古楼等建筑。漪澜堂位于白塔山山阴,仿镇江金山寺,与北岸五龙亭、西天梵境隔水相望,是太液池畔交相辉映的两组重要建筑。主建筑为漪澜堂,堂前有碧照楼,左为道宁斋,斋前有远帆阁,四座建筑及其连接的六十间延楼,依白塔山阴作半圆形。延楼回廊外绕长达 300 米的汉白玉石护栏,尽头各有古堡式小楼一座,东南为倚晴楼,西南为分凉阁,分别作为漪澜堂的入口。南眺白塔,北望沧波,有金山"江天一览"之胜。悦心殿在白塔山西侧山坡上庆霄楼前,坐北朝南,面阔五间,前后出廊。殿前有宽敞的月台,与庆霄楼连成一气,原为皇帝临时处理政务和接见大臣的地方。阅古楼在琳光殿西北,平面作半月形,楼上下二十五楹,左右围抱,内有蟠龙升天式螺旋楼梯。楼中墙面上满嵌《三希堂法帖》刻石 495 立方米,保留了魏晋以来历代书家的墨迹。白塔山东,倚晴楼南,建筑不多,但古木参天,乾隆手书《琼岛春阴》石碑立于绿荫深处,为"燕京八景"之一。碑阴为乾隆御制诗:"艮岳移来石嵯峨,千秋遗迹感怀多;倚岩松翠龙鳞蔚,入牖篁新凤尾娑。乐志讵因逢胜赏,悦心端为得嘉禾;当春最是耕犁急,每较阴晴发浩歌。"诗品虽然不高,但多少点出了琼岛风光的游览意境。

琼华岛南隔水为团城,系一圆形高台,高 4.6 米,周长 276 米,为金代挖湖泥堆成,元、明、清三代屡有修缮,历代均为御园。城之两掖有门,东曰昭景,西曰衍祥,门上有楼,入门有蹬道。团城上的建筑按中轴线对称布置,均用黄琉璃瓦,绿瓦剪边。主殿承光殿位于中央,是康熙时在元仪天殿的基础上改建的,主体结构为正方形,重檐歇山顶,四面出抱厦,亦为歇山顶。殿内供玉观音像,为高宗时贡物。殿南有石亭,内置元代玉瓮。殿北为敬跻堂,阔十五间,缘城墙成环抱之势,堂东侧有古籁堂、朵云亭,西侧有余清斋。由余清斋曲折而西有沁香亭,其后假山上有镜澜亭,是观赏风景的最佳处。团城与白塔山之间连接以永安桥、三孔券洞、曲尺形。桥面铺条石,坡度平缓,便于信步游赏,桥身两侧有雕刻精美的栏板和望柱,南北各置四柱三楼式木牌坊一座,绿顶红柱色彩鲜明,枋心蓝底金字题额,南为"积翠",北为"堆云",故永安桥又名堆云积翠桥。团城西侧的金鳌玉蛛桥,为明代所建,横跨北海、中海的水面上,构图异常优美,真所谓"玉宇琼楼天上下,方壶圆峤水中央","绣毂纹开环月珥,锦澜漪皱焕霞标",各有"银潢作峤""紫海回澜"之胜。

北海北岸布置了几组宗教建筑,有小西天、大西天、阐福寺、西天梵境,还有临水而建的五龙亭、彩色琉璃镶砌的九龙壁等。

东岸与北岸之间,别有濠濮涧、画舫斋、镜清斋三组幽曲封闭的小景区,与开阔的湖面形成对比,最为典雅清静,富于江南园林的书卷气。濠濮涧建于乾隆二十二年(1757),为三间水榭。北邻画舫斋,东北面有叠砌玲珑的山石环绕,还有石坊、曲桥、爬山廊等,回旋变化于咫尺之内,极富幽深之感。画舫斋又称水殿,隐藏于土山石林之中,南接濠濮涧,北邻蚕坛,原为皇帝行宫,门前一带曾是练箭习射的地方。主体建筑坐北朝南,以池水为中心,南为春雨林塘殿,东为镜香室,西为观妙室,四面回廊环绕,构成一处幽胜的庭院。西北角落为小玲珑,东北为古柯庭、奥旷和得性轩等。画舫斋总体布局紧凑,建筑精巧,雕梁画栋,是北海的园中之园。

静心斋原名镜清斋,在北海北岸,西临小西天天王殿,建于乾隆二十三年(1758),面积十余亩,地形极不规则,高下起伏不齐,但布置之精巧灵秀,堪称首屈一指。池沼假山,堂亭廊阁,棋布其间,缀以水草花竹,极饶雅趣。各建筑物虽打破一正两厢之传统,但莫不南北、东西正向。正门与琼华岛隔水相望,四周围以短墙,南面为透空花墙,使内外景色交融,扩大了视觉印象:碧鲜亭紧贴花墙内,起点景之妙。此外还有沁泉廊、画峰室、抱素书屋、韵琴斋、焙茶坞、枕峦亭、罨画轩、叠翠楼等。静心斋的匠心之妙,在于小面积之内给人以幽深且纯属天然的感觉,所以历来有"乾隆小花园"和"园中园"之称。

据唐代柳宗元称:"游之适大率有二,旷如也,奥如也。"亦即开旷景观与幽邃景观的调节交替。当我们由北海烟波浩渺的宏阔景象进入静心斋的院门以后,顿时便有一种深池小院安宁幽奥的亲切气氛扑人眉宇,这正是由"旷如"之游转入"奥如"之游的特殊心理体验。具体而论,静心斋主要是以建筑作为分割园内大小不同的院落空间层次的艺术手段,循环往复,曲折迂回,环环相套、层层进深,使不同的景物互为因借,分隔之中有贯通,障抑之下又有窥透。大体上每一空间都是沿着周边布置建筑,山池部分居于中央,所谓"不下堂筵,坐穷泉壑",其间的宾主关系一目了然。

静心斋的主景区是沁泉廊,院落最为开阔。主院东西长约100米,南北纵深约40米,轩廊环绕,山池婉转,整个地势北高南低,假山东西走向,横峰侧岭,玲珑剔透而不乏沉雄的气势。主峰在西北,余脉直达罨画轩,西南枕峦亭下一峦突起,与横向的主峰形成对比。在叠翠楼以东,三十五间高山半廊东接罨画轩;西南,二十七间垂带走廊与画峰室相接。罨画轩与焙茶坞之间,也有走廊八间。这样既丰富了全园的空间层次,更烘托、突出了沁泉廊这一主景区的地位,小中见大,增加了院外有院、山外有山、楼外有楼、景色之外又有景色的无尽延伸感。

值得一提的是沁泉廊的假山,手笔很大,叠造技艺水平很高,历来推为张然的作品。但张南垣死于康熙十年(1671)左右,享年八十五岁上下,张然为其子,无论如何是不可能活到乾隆二十三年(1758)的。尽管如此,乾隆前期造园成风,全国名匠荟萃京师,此处掇山,或为张氏后人、门人所作,并非没有可能。这座假山,下临深潭,在山腹中有一道贯穿东西的高谷,是沟通全园的山道,对外增加了峻厚婉转的层次,对内丰富了地貌的景观。在这一片假山中游观行进,但觉高下参差,聚散相间,迂回曲折,极富变化;出谷后再回到沁泉廊面壁仰望,凝神静观,顿觉肌骨俱爽,物我两忘,不觉身在晚烟深处。

二、避暑山庄

避暑山庄位于河北承德北郊热河泉源处,原系康熙皇帝为便于联系和团结蒙古贵族和避暑,于康熙四十二年(1703)开始营建的一处离宫别苑,所以又称热河行宫或承德离宫。乾隆时又加以扩建,增加景点,至乾隆五十五年(1790)最后竣工。此后直到清末,皇帝后妃常于夏季来此避暑,或于秋季在其北面围场行猎,并召见蒙古贵族。当时有关国家大事的许多重大活动都是在此进行的,所以被看作是清代前期的第二政治中心。

避暑山庄规模宏大,面积达八千余亩,周围宫墙长二十里,有丽正、德汇、碧峰等五个门出入。行宫境界绕以石垣,石垣皆不规则形,即所谓"虎皮石墙",随地势高下弯曲起伏,饶有自然趣味。园内山岭占五分之四,平坦地区仅五分之一,其中有许多水面,为热河泉水汇聚而成。山势自北而西,有松云峡、犁树峡、松林峡、榛子峡、西峪,四面环抱。湖水自东北方向南流,至于万树园之阳,有净练澄室、沙堤曲径、如意洲诸景。北面为千林瀑,凌空落影,遥望不清。瀑源来自西峪,垂于涌翠岩之岭,直向湖中汇置。湖岸有曲楼飞翠,长桥如虹。东南方于德汇门左边建有水闸,根据水情蓄水或排水,高峰入云,清流见底。所建一切敞殿、飞楼、平台、奥室,各因地形,以自然为重,略分宫殿区和苑景区两大部分,而苑景区又可分为湖沼、平原、山峦三个景区。康熙和乾隆皇帝各有三十六景题名,各景随四时变化,取山、水、林、泉等自然风景而命名,集中了我国南北建筑艺术的风格特点。整个山庄,不仅园内有着丰富的景观,更与园外的巍峨山岭以及具有浓郁民族特色的外八庙构成多样统一而辽阔的文物风景区。

山庄的正门即丽正门,位于宫墙南端,建于乾隆十九年(1754),为乾隆三十六景第一景。门前列石狮和下马碑,正面有红照壁,门上有阁楼,下设三门,高敞宏伟。中门上镶嵌有用汉、藏、满、回、蒙五种文字镌刻的"丽正门"匾额,取《易经》"日月丽于天"之意;门内上方有乾隆题诗:"两字新题标丽正,车书恒此会遐方。"象征着民族的团结和国家的强盛、统一。门内九重四合院落组成了皇帝日常起居和处理政务的主要场所——正宫,其中最重要的当推"澹泊敬诚"殿,此外还有康熙所居的万壑松风殿、乾隆之母所居的松鹤斋,以及听戏用的清音阁等。这里虽是宫室殿宇,但都用卷棚屋顶、素筒板瓦,不施琉璃,风格较为淡雅,以符合山庄之义。

澹泊敬诚殿为正殿,全部木构件均用烫蜡楠木,所以又称楠木殿。建于康熙四十九年(1710)，乾隆十九年(1754)改修。殿前庭院古松参天，庄严怡静，殿内悬康熙御笔"澹泊敬诚"匾额。整组建筑群，面积583平方米，窗扇、槅扇、平棋精雕蝙蝠、万字、寿字、卷草等图案，阴雨之际，殿内楠木浓香扑鼻。每年万寿节和举行庆祝大典时，均在此接见各民族首领、王公大臣和外国使节。其后门殿内是皇帝的寝宫"烟波致爽"殿，为康熙三十六景第一景。面阔七间，建筑高敞，室内布置精巧富丽，每当春夏或雨后初晴，四周秀丽，十里平湖，致有爽气。寝殿后有二层"云山胜地"楼，为康熙三十六景第八景，面阔五间，不设楼梯，而以假山为自然蹬道攀缘而上。因其依岗背湖，居高临下，故俯瞰群峰，有夕霭朝岚、顷刻变化、不可名状的意趣。楼上西间原为佛堂莲花堂，内供青玉观音一尊，每当中秋，后妃于此祭月祈福。越楼北去出岫云门，便进入山庄的湖区。

万壑松风在正宫东侧之北，建于康熙四十七年(1708)，是宫殿区最早的一组建筑，为康熙三十六景第六景。由万壑松风、鉴始斋、静佳室、颐和书房、蓬阆咸映等组成。据岗背湖，布局灵活，有南方园林的特点，因周围有古松数百而得名，是康熙帝批阅奏章、召见百官的场所和眺望湖光山色的胜地。

松鹤斋位于万壑松风之南，建于乾隆十四年(1749)，为乾隆三十六景第三景。这一组建筑包括门殿、松鹤斋、绥成殿、十七间房、乐寿堂、畅远楼等，畅远楼形制与云山胜地相同，是观赏湖区风景的高视点，登楼一望，可以尽收园中湖色山光。

山庄的东南，几条纵横交错的堤岛把大片湖水分割成大小不等的数块水面，其中最有名的当推芝径云堤，在万壑松风之北，建于康熙四十二年(1703)，仿杭州西湖苏堤，为康熙三十六景第二景。长堤逶迤，径分三支，东北通月色江声岛，中通如意洲，偏西通往采菱渡。堤穿湖而行，为湖区主要风景观赏线。堤岸垂柳成阴，平沙如雪，湖光波影，胜趣天成，对山庄湖区各风景点的安排实有管领全局之妙。

沿湖北岸,几座风格各异的小亭玉立于垂柳之间。湖的南端出水闸上建有长亭与方亭三座,名为水心榭,为乾隆三十六景第八景。榭在水中,两旁空间辽阔,碧波荡漾,四望皆成画景,颇有飞角高骞、虚檐洞朗、上下天光、影落空际的诗意。东北山岗上,有物鱼亭掩映于苍松翠柳之中,与水心榭相映成趣。

湖中有一大岛,名如意洲,洲上建有无暑清凉、延熏山馆、一片云、金莲映日、观莲所、乐寿堂、沧浪屿等建筑。无暑清凉为如意洲的门殿,康熙三十六景第三景。面阔五间,广厦洞辟,不施屏蔽,四面皆水,景色秀美,夏日尤为凉爽无比。一片云在延熏山馆之东,为乾隆三十六景第十八景。楼两层,东楼面阔七间,北楼正殿面阔五门,前有门殿,后起抱厦。楼北原有戏台,今已废。夏秋之际,山庄内云气绸缊,变幻莫测,最宜于此观赏。乾隆御制《一片云楼》诗云:"白云一片才生岫,瞥眼岫云一片成;变幻千般归静室,无心妙致想泉明。"金莲映日在延熏山馆之西,为康熙三十六景第二十四景。正殿五间西向,歇山顶,前有卷棚抱厦;北侧配殿三间,南侧配殿五间。此景以金莲花为主题,殿前拓苑数亩,植树万株,每当夏日,繁花盛开,光色灿烂,如黄金铺地。乐寿堂又名水芳岩秀,在延熏山馆之北,为康熙三十六景第五景。面阔七间,前出抱厦,四周镜波绕岸,中庭瑶石依栏。其西北为沧浪屿,为乾隆三十六景第十二景,布局包括前庭和屿池两部分,南为垂花门、前庭,庭右曲径通幽,庭左长廊直向正殿,殿后屿台浮于水面。屿近圆形,小巧别致,西、北、东三面叠石为山,如笋如林,石间老藤虬结,盘根错节,溪水来自石隙,四时常润,清幽无比。

如意洲西北又有一青莲小岛,岛上烟雨楼建于乾隆四十五年(1780),仿浙江嘉兴南湖烟雨楼。此楼自南而北,前为门殿三间,后有楼两层,面阔五间,红柱青瓦,四面有檐廊环抱。楼东为青阳书屋,乾隆宠姬李贵妃曾在此吟诗作画;西为对山斋,曾为乾隆书房。东北有八角轩亭,东南有四角方亭。西南垒石为山,山下洞穴迂回,可沿石蹬盘折而上,山顶有六角敞亭。此楼是澄湖视高点，凭栏远眺，万树园、热河泉、永佑寺诸处历历在目，极借景之妙。

湖西一组建筑仿镇江金山寺，亭台楼阁筑于巉岩怪石之间，三面环湖，一面临溪。山阜平台南部为"天宇咸畅"，正殿三间，殿北有上帝阁，原供真武和玉皇大帝，三层，六角攒尖顶，是山庄湖区最高点。上帝阁之下是"镜水云岑"，五间面西，两侧曲廊环绕，前面石堤蜿蜒，堤下石阶两出，直达水面，可由此泛舟湖心。殿南为爬山廊，北为芳洲亭。总体建筑设计玲珑精巧，前后高低错落，匠心独运。

山庄的西部和北部为山区和平原区。在连绵起伏的山峦中和苍郁的松林深密处，原有几十组建筑散布其间，今已大部颓毁。比较重要的遗存如万树园，位于平原区东北部，北倚山麓，南临澄湖，占地八百余亩，为乾隆三十六景第二景。这里绿草如茵，古木蓊翳，园内不施土木，而按蒙古族的风俗设蒙古包数座，是康熙、乾隆诸帝接见少数民族首领和外国使者，以及宴请听乐，观看烟火、马术、杂耍、摔跤等民族竞技活动的场所，郎世宁等曾绘有《万树园赐宴图》传世。又如文津阁，位于平原区西部，系乾隆三十九年(1774)为收藏《四库全书》而建，仿宁波天一阁形制。阁前池水澄澈，池南假山叠翠；山上建敞亭，清幽绝俗，风景殊佳。此外，峡中的御路、庙前的石阶、涧上的拱桥等等，也都有遗迹可寻。

避暑山庄面积广大，园林造景能根据地形特点加以充分利用，在湖区、平原区、山区布置了大量风景点，形成包罗万象的"山庄"特色。园中水面虽较小，但在模仿江南园林的灵秀、融和北方建筑的朴实、包容蒙藏风光的浑茫诸方面，皆有独到之处。而远借山庄外东北两面磬锤峰、外八庙等自然、人文景观，也是山庄设计的成功之处。

三、圆明园

圆明园位于今北京海淀区东部，原是明代遗留下来的一处故园，与附园长春、绮春(后改万春)两园合称"圆明三园"。清代康熙时开始在此增建。嗣后雍正时又进行扩建,增加了不少殿宇亭榭,并引水蓄池,莳花植木,作为帝王游息和听政议事的场所。乾隆皇帝六下江南,取江南的绝景画面,搜天下的名花异草,广集奇石珍玉,不惜工本地予以装饰点缀,六十余年间,没有停止过修建活动,成为圆明园的鼎盛时代。嘉庆、道光、咸丰三期,虽不像乾隆那样挥霍,但圆明园的修建仍一直没有停顿过。咸丰十年(1860)十月六日,英法联军攻入北京,一代名园竟被纵火焚毁。同治、光绪两朝,虽曾想恢复圆明园的旧观,但当时国库空虚,力不从心,因此只能用拆东墙补西墙的办法,利用被焚毁的旧料,恢复圆明园一小部分的建筑。光绪二十六年(1900),圆明园再次遭到八国联军的洗劫,以后太监、流氓、军阀、恶吏先后拆毁了旧园,用于建筑私人的住宅、别墅和茔地。迄今所存,仅残址废墟而已。

圆明三园占地五千余亩,周长二十余里,原有建筑一百四十余处,重要景点一百余处,名山异石、奇花珍木无数。其平面布局呈倒置的"品"字形,长春园在东,圆明园在西,万春园在南,福海居于中央。园内的建筑,大部分是传统的形式,既集中了历代的宫殿建筑之所长,又创造了更新颖的样式,打破了传统宫殿式建筑的惯例,使人无涩腻之感。同时还有掺杂了西洋宫殿式建筑,但并不是生硬地搬用图样,而是与中国传统建筑的固有特色糅为一体,从而在传统园林建筑中增加了新的内容。

圆明园在"圆明三园"中面积最大,前后共有四十八景,每景中又可分若干景。建筑中不外乎楼、台、殿、阁、亭、榭、轩、馆、宫、庙等,但在布局上婉转曲折,形制上逞奇施巧,人工开造的山、水、岛、屿更增加了自然的美观。这种构思造境的体裁,是以传统中神仙隐居的理想幻境,以及山水画中假想的和写生的深山幽谷,再加上吸取历代宫廷、园林建筑的成果为基础而创造出来的。在平面布局上可以分为三组:其一为前湖以前及其两侧的建筑区;其二为后湖以北的建筑区;其三为福海及其四周的建筑区。

其中前一部分是皇帝听政议事的场所,庄严的正大光明殿前,两旁排列整齐的朝房,右有勤政贤亲殿、保和太和殿,左有长春仙馆、四宜楼等。其余两部分则是游玩、娱乐、居住、避暑的场所,如"万方安和"的建筑,是在池中建一卐字形的房屋,共三十多间,达到冬暖夏凉的要求。"山高水长"楼是每年元宵节观看烟火大会的胜地。舍卫城中的"南北长街"是园中假设的一种交易场所,陈列像市井中的商业区一样,宫监扮成商人,进行买卖。"北远山村"是一个农村样式的区域,颇能点缀自然风景之美。"水木明瑟"一景则是利用近代水利力学的原理来推动风扇转动,以消减室内的暑气。此外,其他著名的建筑和景点还有杏花春馆、天然图画、坐石临流、曲院荷风、武陵春色、月地云居、濂溪乐处(均后湖以北)、廓然大公、安澜园、平湖秋月、方壶胜境、三潭印月、雷峰夕照、别有洞天、南屏晚钟、夹镜鸣琴、一碧万顷、湖山在望、蓬岛瑶台(均福海及其四周)等等,观其名目,自不难想见其唯美的倾向。

长春园的规模不到圆明园的一半,建于乾隆十二年(1747)至乾隆二十四年(1759),共有三十景。园内建筑以中西合璧独擅胜场,无论在建筑样式还是在风景陪衬方面,都予人以耳目一新之感。著名的"西洋楼",骨架是巴洛克式的,汉白玉雕刻有罗马遗风,屋顶用琉璃瓦,则为传统形式,整体感觉十分谐调,绝无生拼硬凑之嫌,除各地教堂外,实开中国西式建筑之先声。"狮子林"十六景仿苏州狮子林,有江南园林的幽静素雅之美。"海岳开襟"为建于湖中的两层圆台,分置玉石栏杆,上建"德金阁",远望如海市蜃楼。"法慧寺"中的八宝琉璃塔更为美观,很像玉泉山的琉璃塔。其他建筑和景点,尚有玉玲珑馆、宝相寺、谐奇趣、蓄水楼、万花阵、方外观、海晏堂、蕴真斋、螺丝牌楼等。

万春园仅及圆明园的三分之一,但布置最为幽曲错落,当时一直作为皇太后的住所。著名的建筑和景点有迎晖殿、中和堂、敷春堂、蔚藻堂、涵秋馆、天地一家春、展诗应律、庄严法界、四宜书屋、缀表盘、延寿寺、消夏堂、绿满轩等。

综观圆明三园的设计,其最基本的部分在于山丘池沼的分布,而殿宇亭榭则散落其间,组成建筑物的平面。虽仍注重于一正两厢的均衡对称,但变化颇为丰富,所以不觉呆板。如方壶胜境,临水而筑,三楼两亭,缀以回廊。而正楼之前,又一亭独立,其后则一楼五殿合为一院,明显突破了传统的配置法。又如眉月轩、向月楼、紫碧山房、双鹤斋诸组,均随地势作极不规则的随意布置。各建筑物之平面也颇多新创的形式,如清夏堂作"工"字形,涵秋馆作"口"字形,澹泊宁静作"田"字形,万方安和作"卐"字形,眉月轩之前部作偃月形,淇翠轩作曲尺形,又有三卷、四卷、五卷等殿,不一而足。当然,就园庭布置而论,屋宇过多对于山林池沼之致也是不无妨碍的。其殿宇的结构,除安佑宫、舍卫城、正大光明殿外,鲜用斗拱。屋顶形状仅安佑宫大殿为四阿顶,余皆九脊顶,排山、硬山或作卷棚式,富于游玩的趣味。至于亭榭、游廊、桥梁、船艇、冰床之属,莫不形式特异,争妍斗奇。当时西人誉为"万园之园",诚非过誉。可惜今天所能看到的,仅存一堆废墟了。

四、颐和园

颐和园位于北京西北郊,与圆明园比邻。这里湖山清旷,风景优美,金代已在此建造行宫;元代加以扩建,称为瓮山泊;明代曾在此建好山园、圆静寺。乾隆十五年(1750),弘历为庆祝其母六十寿辰,大兴土木,建大报恩延寿寺于山巅,并将瓮山改名万寿山,西湖改名昆明湖。又以兴水利、练水军为名,筑堤围地、扩展湖面、点缀亭台,建成大规模的苑囿,称为清漪园。咸丰十年(1860)英法联军入侵,清漪园全部被掠毁。光绪十四年(1888)西太后那拉氏挪用海军经费三千六百余万两白银重建,供其"颐养太和",改名颐和园。至光绪十九年(1893)完成。光绪二十六年(1900)又遭八国联军破坏,光绪三十一年(1905)那拉氏下令修复,并添建了不少景物,成为今天的规模。

颐和园占地五千余亩,主要利用万寿山、昆明湖两大自然景观构造成园,计有各种形式的宫殿园林建筑三千余间。其布局集传统造园艺术之大成,园中山青水绿,阁耸廊回,素雅淡泊与飞金流丹交相辉映,尤以西山、玉泉山群峰为借景,拓展了空间视野,手法巧妙,气魄宏伟,成为我国造园艺术中"虽由人作,宛自天成"的典范。根据其使用性质和所在区域,约可分为四部分:其一为东宫门和万寿山东部的朝廷宫室部分;其二为万寿山前山部分;其三为万寿山后山和后湖部分;其四为昆明湖、南湖和西湖部分。

颐和园的大门有两处,一处是东宫门,另一处是北宫门。东宫门是颐和园的正门,门内布置一片密集的宫殿,其中仁寿殿是召见群臣、处理朝政的地方,坐西朝东,面阔九间,两侧有南北配殿,前有仁寿门,门外为南北九卿房,构成颐和园的政治活动区。仁寿殿后临湖有玉澜堂、宜芸馆、乐寿堂三组大型四合院,有游廊相连,为光绪、光绪后隆裕、西太后的起居处。乐寿堂内宝座前置有名贵的青花瓷大果盘、四只镀金九桃大铜炉,均为慈禧生前原物。堂阶两侧对称排列铜铸梅花鹿、仙鹤和大瓶,谐音"六合太平"。庭院中栽植玉兰、海棠和牡丹,取"玉堂富贵"之意。乐寿堂西北之扬仁风,为一环境幽静的小庭园。假山上有一扇面形建筑,造型雅致,尺度得宜。仁寿殿之德和园为慈禧观戏的地方,园内大戏楼高 21 米,舞台宽 17 米,为歇山重檐之三层建筑,造型宏伟,建于光绪十七年(1891),是当时国内最大的戏楼。三层舞台之间均有天地井通连,可表现升仙、下凡、入地诸情节。底层舞台底部有水井、水池,可设置水法布景。南部毗连的两层扮戏楼是规模巨大的后台。这一区域内的建筑群,平面布局严谨,前朝后寝,采用对称和封闭的院落组合,装修富丽,属于宫廷格局。但屋顶多用灰瓦卷棚顶,不施琉璃。庭中并点缀花木湖石,以示行宫的特点,与大内宫殿稍有区别。

由封闭对称的仁寿殿转入开旷自然的前山部分,登时豁然开朗。前临平湖,目极远山,左侧万春亭隐现于岛上绿荫间,右侧壮丽的佛香阁雄踞于万寿山腹,更加上远处的玉泉山塔影被借入园内,近处岸边的一排乔木又起到了透景作用,增加了层次,加强了园林的空间感。

佛香阁为八面三层四重檐,高41米,下有20米高的石台基,建于万寿山的前山。万寿山形状比较呆缓,但在前山山腹建起佛香阁,与阁北的琉璃殿相映生辉,打破了山体呆缓的轮廓线。阁不在山巅而在山腹,一方面强调了它和昆明湖的关系,另一方面又显示了它与山是糅合在一起的。此阁初建于乾隆年间,原计划是一座九层砖塔,至第八层后奉旨撤毁,改易为四层八角楼阁。这一改易,从此奠定了颐和园标志性景点的体貌。因为,九屋高塔体形细瘦,必与平缓的山形不相协调,显得对比过大;又与已有的玉泉山高塔重复,显得对比不足,改为体型宽厚的楼阁,堪称恰到好处。再加上楼阁体量较大,又足以充当控制范围广大的全园构图中心。此阁于咸丰十年(1860)毁于英法联军,现存为光绪二十九年(1903)的重建物,仍保存了乾隆时的原貌。佛香阁由前后轴线上一群密集的佛寺建筑群族拥着,如众星拱月,气象万千,作为前山区的核心部分,表现出"河岳层层团锦绣,华严界界有楼台"的恢宏气势。轴线前端湖岸向湖心突出,在此立牌坊一座,强调了佛香阁的主体地位。

除佛香阁外,这一区域内的重要建筑还有排云殿、长廊、智慧海、清晏舫等。排云殿位于万寿山前山中部的建筑轴线上,两侧有若干组庭院。临湖傍山一带散置有各种游赏用的亭台楼阁,均依山势自由布置。全部建筑用游廊贯穿,并用黄琉璃瓦盖顶,为颐和园内最为壮观的建筑群。长廊沿昆明湖北岸而建,东起邀月门,西讫西丈亭,中穿排云门,两侧对称点缀有留佳、寄澜、秋水、清遥四座重檐八角攒尖亭。廊长728米,共273间。内部枋梁上绘有精美的西湖风景及人物、山水、花鸟等苏式彩画八千多幅,所以又有"画廊"之称。它像一条玉带,把前山的各组建筑连成一体,同时又是游览的人行通道,具有很高的造园艺术价值。在长廊中每一定间隔便突起一座亭子,又有通向岸边水榭的廊道,靠近佛香阁组群轴线时,长廊也随岸线向外弯曲,至轴线时又向内折转。凡此种种,都打破了长廊可能会出现的单调,而赋之以丰富的节奏韵律感。智慧海在佛香阁后、万寿山巅,是一座无梁佛殿,由纵横相间的拱券结构而成。通体用五色琉璃砖瓦装饰、色彩绚丽,图案精美,尤以嵌于壁面的千余躯琉璃佛更富特色。室内供高大观音坐像,为乾隆年间作品。殿前有琉璃牌坊一座,前后石额为"众香界""祇树林""智慧海""吉祥云",构成佛家的一首三字偈语。清晏舫原称石舫,位于万寿山西麓岸边,是园中著名的水上建筑,初建于乾隆二十年(1755),后被英法联军烧毁;光绪十九年(1893)仿外国游轮重建,并取"河清海晏"之义名为清晏舫。船体长 36 米,用巨大的石块雕砌而成;两层舱楼则为木结构,但油漆成大理石纹样,顶部用砖雕装饰,精巧华丽。

　　颐和园的后山,水面狭长而曲折,林木茂密、环境幽邃,与前山的开阔旷朗形成鲜明的对照。沿后湖两岸,原有临水的"苏州街"建筑,依照苏州街道市肆的意境,类似于圆明园的舍卫城长街,现仅存一些曲折的驳岸遗址。沿后湖东去,尽端处有一小景区名"谐趣园",系乾隆十六年(1751)仿无锡惠山脚下的寄畅园而建,原名惠山园。嘉庆十六年(1811)重建,取"以物外之静趣,谐寸田之中和"而改称今名。后毁于英法联军,光绪时重建,为慈禧观鱼垂钓之所。园中央为荷池,周围环布轩榭亭廊,有涵远堂、瞩新楼、知春堂、澄爽斋等,各建筑物尺度均较小巧,平面设计、立面造型绝无重复,并用百间迂回曲折的游廊相沟通。室外廊边,花木扶疏、竹影参差、山泉激湍,富于江南园林的情韵,和北海镜清斋一样,同为清代苑囿中成功的"园中之园"。进宫门即临荷池,隔水与"洗秋"相望,从"洗秋"向北,有廊连接"饮绿",正是湖岸转折处,使人豁然开朗。在此可见全园主体建筑涵远堂所占着的中心位置,体量比之东岸的知春堂和西岸的澄爽斋要高大得多。涵远堂的右侧为瞩新楼,左后侧的半山上有湛清轩,前面的湖面上投下它们清晰的倒影,极大地丰富了这一景区的画面层次。荷池呈曲"I"形,折向西南,有知春亭和"引镜"等水榭建筑。东南池面上建有斜桥,桥面贴近水面,便于观鱼,故名"知鱼桥"。池的四周以太湖石砌成泊岸,有意折出许多小湾,富于岸曲水回的气氛。湖池西北的水口处,虽有回廊分割南北空间,但溪水相通,仿寄畅园八音洞建玉琴峡,巨石嶙峋,翠柏青藤,茂林修竹,琴韵清凉。在此静伫东望,仙岛及涵远堂北的峭壁山石和通向湛清轩的爬山廊,以及山石顶上的霁清轩,远近相借,构成一区,同涵远堂前的湖区形成鲜明对比。而显得更加幽静宁谐,真所谓"一亭一径,足偕奇趣"。以山丘作为外围,对待园外借景采取屏蔽手段,形成闭锁空间,游人至此,丝毫觉察不到近在咫尺的颐和园的高大围墙及围墙外世俗的车水马龙,造成了一院的清静。而山丘内麓,花石掩映,修竹点点,游人通过廊壁的漏窗,可以欣赏到一幅又一幅隽永的画面。

昆明湖水面积达 200 万平方米,有两堤、六岛、九桥,其水景学仿四个知名的大湖。西堤一带仿杭州西湖,湖中又筑堤一道,仿苏堤建桥六座,自北而南分别为柳桥、豳风桥、玉带桥、镜桥、练桥、界湖桥。六桥中以玉带桥的建筑别具风格,桥身隆起、坡度陡峻。此堤将湖面划为东西两部分。东面湖中设龙王庙小岛,以十七孔桥与东堤相连。岛上树木葱茏、楼亭隐现,是佛香阁的绝妙对景。主体建筑为涵虚堂,乾隆时为三层望蟾阁,是观看昆明湖水操的场所;光绪时改为单层。慈禧曾在此观看海军学堂演习。十七孔桥为颐和园内最大的石桥,由十七个孔券组成,长 150 米,宽 8 米,飞跨于东堤和南湖岛之间,状若长虹卧波。其造型兼有北京卢沟桥、苏州宝带桥的特点,桥栏望柱及桥头石雕狮子、异兽,精美而生动,为乾隆时的作品。西面湖中又有小岛三处,为藻鉴堂、治镜阁、畅观堂,系仿照古代苑囿"海上三山"(蓬莱、方丈、瀛洲)的传统手法而布置的。这一区域的湖面处理,显欲仿写杭州西湖。但周围无层叠的山岭为屏障,终因缺乏层次而显得过于空旷平乏。但适于欣赏桃夭柳黄、晨雾迷蒙的早春景色,则是其成功之处。凤凰墩小岛四周,仿太湖黄埠墩;西堤景明楼以东,仿潇湘洞庭湖;北部则仿记载中的汉武帝昆明池,各有不同的景观特色。

综观颐和园的构境匠心,能充分利用万寿山、昆明湖的自然地形加以人工改造,造成前山开阔的湖面和后山幽深的曲溪、水院等不同境界,并巧借西山、玉泉山和平畴远村收入园景,都是造园手法上的成功之处。佛香阁的有力体量使全园产生突出的构图中心,与北海白塔有异曲同工之妙,这是与避暑山庄和圆明园的不同之点。此外,以长廊连接各散置的建筑组群,使之成为统一的整体,更是颐和园的独创手法。

五、故宫御花园和乾隆花园

故宫御花园在北京故宫博物院紫禁城中路的北端,肇始于明永乐十八年(1420)营造紫禁城宫殿,园中的一些参天古树便是当时所植。最初时,皇帝和皇后住在后三宫里,这里便为宫后苑;清雍正起,帝后迁到养心殿居住,这里便称为御花园了。

后三宫之北的坤宁门为御花园的正门。迎面一望,便是座基园中的钦安殿一院,其院墙正中为天一门,小巧别致而颇有威仪。殿前有金麟怪兽伫立,下有玉石台基相衬,摆置了各式各样的园石供人观赏。殿顶重檐平顶,上安渗金佛塔宝顶,殿内供有玄天上帝。东西两侧,各有万春亭和千秋亭,都是四书抱厦、十字折角的多角亭,"天圆地方"的重檐攒尖顶;两亭北边的浮碧亭和澄瑞亭都是南出抱厦的一式方亭,跨于水池之上;东北和西北苑角的凝香亭和毓翠亭都是带蓝花屋顶的小方亭,所以给人以东西对称布局的感觉。其实,且不论万春、千秋两亭的攒尖顶形式并不完全一致,东西靠苑墙布置的其他建筑也全不相同。如东路有摛藻堂和绛雪轩,西路则为带重楼的位育斋和养性斋;东路北部有太湖石叠成的假山名

"堆秀",山势嶙峋,蹬道陡峭,山脚狮座上雕有蟠龙,口喷水柱,溅落于青苔绿池,山顶有御景亭,便于重阳登高。西路的相对位置则建一座延晖阁,园中古柏老槐,郁郁葱葱,宁谐而深静;绛雪轩前有一座琉璃花池,上列花石,前对亭台,养性斋前则是满地假山,穿游山间,踏蹬而上,可至一露台,而苑路甬道铺以各色卵石,镶拼成一幅幅花卉、人物等象征福、禄、寿的图案和文字,将花园点缀得更加富赡。

御花园的东南和西南两角,分别是琼苑东门和琼苑西门,通向东西六宫。西苑墙的中部突出一抱厦,门内重华宫漱芳斋一院有一座宫廷演戏用的小戏台。花园北部正中钦安殿之后为承光门,左右为延和、集福门,东西相向,均作琉璃瓦庑殿顶的牌楼形式。承光门之北为顺贞门,再北就是紫禁城的北界神武门了。

综观御花园,南北深不足 90 米,东西广亦仅 135 米,而布置了近二十幢建筑,罗列了众多的花石,仍使游者感到空间舒旷,造园手法不可谓不高超。而且,御花园位于紫禁城中,花园主静逸、散淡,宫殿主严重、富丽,两者以极端的反差,碍难统一谐调,造园匠师却能将其妥帖地安排在紫禁城的总体布局之中,尤属难能可贵。

与御花园性质相类的乾隆花园,位于紫禁城东路宁寿宫北部的养性门之西,建于乾隆四十一年(1776),系弘历准备归政后"尊养""燕憩"时使用。面积比之御花园更小,为东西宽 37 米、南北深 160 米的狭长地带,但由于设计巧妙,将全园分为四进院落,布局紧凑、灵活,空间时闭时畅、错综有致,间以逶迤的山石和曲折回转的游廊,使建筑物与花木山石交互融合,所以能做到曲直各异,意境谐适。

步入衍祺门,迎面是山石屏障,对园景起到遮蔽作用。绕过山峡,豁然开朗,正北主体建筑古华轩开敞透空,卷棚歇山顶气氛宁谧,小木雕出百花图案古朴淡雅。西侧有禊赏亭和旭晖庭,亭前抱厦内有流杯渠,其水源来自衍祺门旁的水井,供"曲水流觞"之乐。东侧散落地布置有山石亭台,构成一比较自由的空间院落组合。东南角另有院中之院,抑斋、矩亭、撷芳亭等小巧建筑之间,廊曲路回,松柏如黛,颇有雅趣。

古华轩后进垂花门,是一进封闭的三合院,院中仅立几块湖石峰为景,环境更为幽静、雅致。正房遂初堂前有楹联曰"墨斗观山时遣逸,琪花瑶草底须妍",楣间匾上书"素养陶情",东配殿匾名书"惬志舒怀",可见乾隆皇帝的憩养意图,但格调并不太高。一如其在古今名画上的题品,颇可作为园林题名点景的鉴戒。

遂初堂前后出廊,至后廊北望,又为满院石山所屏障。沿廊西转北有延趣楼,楼前有曲廊同正楼萃赏楼相连,是为第三进院。院中唯耸秀亭居高临下,挺拔秀丽,亭下山石起伏,洞壑曲折,磴道高下,以幽邃取胜。三友轩深藏东南,屋顶半作歇山,半作悬山,小木装修雕镂精细。西山墙一大方窗用紫檀透雕松竹梅窗格,寓岁寒三友之意,工艺价值极高,但置于园林之中,似与总体气氛不尽谐适。由此也可见乾隆的审美趣味,在一些大面积的皇家苑囿中,还不太显露败笔,而在小范围的经营中,就每每流露出附庸风雅的庸俗作风。

萃赏楼之北,檐廊上有飞桥可达最后一进院落石山顶上的碧螺亭,檐廊的西端可通往"四壁图"的养和精舍。居中的符望阁为全园最美的建筑,纵横均为五间,周围带廊,楼层为三间,四绕平座,上覆四角攒尖顶。在环布的矮小建筑郁山百的簇拥下,显得气势恢宏。阁前石山上的碧螺亭,形、色皆玲珑剔透,亭下有折枝梅花图案的玉石栏板,柱间有透空梅竹的横楣雕刻,皆美轮美奂。

符望阁的西面,有廊直通玉粹轩;东绕曲廊,即宁寿宫中路景琪阁的回廊;北面倦勤斋,斋前左右有回廊。西回廊之西有石山,山上筑竹香馆,题额"映寒碧",北接倦勤斋西端接出之小屋,屋内建有戏台,供南府太监演唱岔曲,四周墙壁上画山野景色。天棚挂藤萝,凭栏作竹节,使戏台恍如建在牡丹山上的竹棚中。

计成《园冶》以为,造园之成败,"三分匠,七分主人",极言主其事者之重要。以乾隆花园而论,在狭小的空间之内,分布了二十多座建筑,山石布置深深不尽,可见匠师的手眼之高;但过于华美、精巧、烦琐、雕琢,不免堆砌之嫌,又是与乾隆的审美品位不可或分的。

六、静明园和静宜园

静明园位于北京西北郊玉泉山之阳,金代时建有芙蓉殿。康熙十九年(1680)创建澄心园,康熙三十一年(1692)改名静明园。乾隆时大事增修,辟有十六景点。宫门南向,前为一高水湖,宫门内有廓然大公正殿,东西有配殿,其北倚临后湖。玉泉山根有泉,称为"玉泉趵突",山巅有塔,称为"正峰塔影",为园中绝佳景致,可惜该园于咸丰十年(1860)被英法联军焚毁。

静宜园位于北京西北郊香山,肇建于乾隆年间,与清漪园(即颐和园)、静明园并称"三山"。园外有墙长约5千米,园内旧有二十八景。璎珞岩的岩石片片散落平立,随处可为蒲团座。古松如盖,泉声泛然。岩下有月河如带,飞瀑奔湍。南北有水道,西有韵琴斋,向里有正凝堂和畅风楼。其后方有见心斋、清如轩、得月轩等,又有半月形长廊,盘旋而至昭庙。秋日观红叶,晶莹可爱,正所谓霜叶胜花,浓酣醉人,为此园最胜处。可惜亦于咸丰十年被焚,今已辟为香山公园。

08 第八讲
私家园林

私家园林的营造,在汉、魏、唐、宋时期,主要是官僚士大夫的专利,或筑别业、山庄于山野、郊外,或移丘壑、林泉于京畿、城市,其审美的意境除追慕皇家园林的奢华,更侧重于淡泊宁静的复归自然。至明、清,由文人所表率的"人欲即是天理"的个性解放大潮,颠覆了士大夫志道弘毅的精神,沉湎于小巧、精致、典雅的玩味,把中国传统的造园艺术推向了一个迥别于皇家园林的高峰。

　　私家园林的遗存,也以清代的作品为多,几乎遍及全国各地,尤以江浙一带最为集中。其他地方的园林包括皇家的苑囿,无不奉江南园林为圭臬。所以,要想研究中国园林,主要的依据在清代;而要想研究清代园林,主要的依据又在江南。

　　与苑囿集政事、居处、游乐三位于一体的造园目的不同,私家园林的功能主要是满足官僚文人和富商大贾的生活享受而建造的。而且,即使就游乐而言,两者的意境也截然不同。苑囿的意境在寄情山林的同时,"移天缩地于君怀",以满足帝王大一统的思想。或朱柱碧瓦,以显示皇家的气派;或一池三岛,以沉醉于海外仙山的幻想。而私家园林则旨在创造一种暗香盈袖、月色空庭的闲适安宁,暗示山林隐逸的意趣,体现远离尘嚣的追求。

　　私家园林的园主,往往有数代同堂和众多的婢仆,所以园中常设有大量厅堂、书房、戏台、居住庭院、仆役侍候用房等。实际上,园林是宅第府邸的扩大和延伸,平日有许多活动如宴客聚友、读书作画、听戏观剧、亲友小住等,都在园中进行。当然,作为园林,最重要的还在于有一个风景优美的环境,使之既有城市中的优厚物质生活,又有幽静雅致的山林景色。但是,它们的面积一般都不是很大,小的一亩半亩,中等的十来亩,大的几十亩。要在有限的空间范围内创造出曲折迂回、景物多变的环境,既要满足各项功能的要求,又要富于自然的意趣,其难度显然比苑囿大得多。正因为如此,其艺术的境界,也要比苑囿高得多。

一、寄畅园

寄畅园位于无锡西郊惠山下,初建于明代,原名凤谷行窝,为正德年间(1506—1510)户部尚书秦金的别墅。隆庆年间改今名。咸丰十年(1860)园毁,现存建筑都是后来重建的,但尚存旧时遗意。

寄畅园仅十五亩,其选地,西靠惠山,东南有锡山,自然环境优美。在园景的布置上成功地利用了这些自然景色,有"晚帘都卷看青山,山外更山色"之妙。如在丛树空隙中可以看到锡山上的龙光塔,将园外景色借入园内;从水池东面北望又可看到惠山耸立在园内假山的后面,增加了园内的景深。园内池水系引惠山泉水而成,假山也是用山中的黄石做成的。建筑物在总体布局上所占比例较小,而以池沼、山石为主,再加上竹树茂密,布置得宜,因此使园林显得疏朗清旷,自然气息十分浓郁。

全园大体上分为东西两个部分,东部以水廊为主,西部以假山花木为主。水池名"锦汇漪",是寄畅园的主要景点。由于假山南北纵隔于园内,周围种植高大树木,所以使水池部分自成一景,显得幽雅宁谧。站在池的西、南、北三面,可以看到临水的知鱼槛亭、幽碧亭和水中走廊倒影。由亭和廊西望,则是茂盛的林木和玲珑的假山,与隔池的亭廊建筑形成自然与人工的鲜明对比。池呈不规则形,南北狭长,西岸中部突出鹤步滩,上植大树两株;与鹤步滩相对处突出知鱼槛亭,九脊飞檐,将池一分为二,似断还续。池北又有桥分为大小两处。由于运用了这些灵动、流通的分隔，强调了水池的曲折层次，特别是东北角的廊桥，隔断尾水，池水似无尽头，使人有来无影、去无踪之感。池岸有土建，有石砌，池水有时深入驳岸石洞和亭、廊之下，其韵致更深长无穷。假山轮廓有起伏，有主次，中部较高，以土为主；两侧稍低，以石为主。土石间栽植藤萝和矮小的树木，山上则栽植高大的树木，助长了山的气势。假山绵延至园的西北部又复高起，似与惠山连成一片。这座土石假山，出于湖州垒石名手张涟之侄张钺之手。山势虽不高，但起伏自然，山中峰谷林泉俱全，宛若天成，浓于山林野趣。山下有以石为主的小假山，名九狮台，峰峦层叠，初看只是一堆杂乱无章的太湖石，细看有群狮蹲伏、跳跃之势，姿态各异，妙趣横生。西北角山池交会，八音涧处有泉水蜿蜒流转，水声叮咚，澄怀涤虑，使人心境俱寂，物我两忘。

在观赏路线上，运用了江南园林常用的空间疏密相间的手法。从西南角的园门入园后，是两个相套的小庭园。花厅迎面，幽香袭人，厅侧一门与秉礼堂小庭院相通。院内有深池、山石、花木、回廊，小巧而精致。走出厅堂东西和秉礼堂处庭院北面的门后，则豁然开朗，一片山林风光，但眼前仍有九狮山挡住视线，不能尽览全园景色。在到达开阔的水池前，必须经过山间曲折的小路、谷道或涧道。这种不断分隔空间、变换风景的手法，造成了对比的效果，使游人感觉到园内景色的生动和丰富，极尽曲径通幽之妙，而不觉园之狭小。造园的原则，大园难于紧凑，小园难于疏朗。此园在选址、借景、分区诸方面都相当成功，所以能以简驭繁，小中见大。

在建筑布置方面，秉礼堂庭院颇为精审。院内分隔成几个主要空间，既主次分明，又相互流通，增加了景深和层次感。庭院内设回廊、水池、石峰和花木，显得生动活泼。但从秉礼堂向东、西、北三面看，漏窗位置偏高，无法隐约见到堂外景物，略嫌闭塞。园东南角过于开敞，与整个气氛不尽协调。多数建筑失之粗简，彼此之间也缺乏联系，不免美中不足。

二、留园

留园位于苏州阊门外，原是嘉靖年间徐时泰的东园。嘉庆五年（1800），刘恕在旧址上加以改造，多植白皮松，故改称寒碧山庄，又名刘园，以有湖石峰十二而名重一时。据刘氏自撰《寒碧山庄记》："予目而葺之，拮据五年，粗有就绪。以其中多植白皮松，故名寒碧山。罗致太湖石颇多，皆无甚奇。乃于虎阜之阴砂碛中获见一石笋，广不满二尺，长几二丈，询之土人，俗呼为斧劈石，盖水产也。不知何人辇至卧于此间，亦不知历几何年。予以为解船载归，峙于寒碧庄听雨楼之西。自下而窥，有干霄之势，因以为名。"可见其经营的苦心。咸、同之际苏州诸园多毁于兵燹，而此园独存。光绪初归官僚豪富盛康，更加扩大，增添建筑，改名"留园"，占地五十余亩，为苏州大型园林之一。全园大致分为四部分：中部为徐氏东园和寒碧山庄的旧所，经营时间最久，是全园的精华所在；东、西、北三区则为光绪年间所增加。

中部又分东西两区，西区以山池为主，东区以建筑庭院为主，两者情趣不同，各擅特色。此园位于住宅之后，由住宅入园，门口在五峰仙馆东侧的鹤所。由于当时常开放供外人游赏，所以又有另辟的通道入园，而不必经过住宅部分。入园后曲径透迤，经小院两重而到达"古木交柯"，透过漏窗隐约可见山池亭阁的片断倩影，迷离恍惚，倍觉撩人情思；由古木交柯的西面空窗望去，则"绿荫"及"明瑟"楼层层深远。

山池区南北两面为山，中央为池，东南为建筑。将山池主景置于受阴面，这是大型园林的惯用手法。园内有银杏、枫杨、榆柏等高大乔木十余株，其中不少是二三百年以上的古树，形成了园内森肃的山林氛围。假山为土筑，叠石成为池岸蹬道，山石嶙峋，大意甚佳。叠石用黄石为主体，大块文章，气势深厚，应为明代遗物；上列湖石峰，轮廓琐碎，与整体不相协调，应为后人所加。北山以可亭为构图中心，西山正中为闻木樨香轩，掩映于林木之间，造型和尺度都较适宜。池水东南成湾，春水无风无浪，春天半阴半晴，时时微雨洗风光；临水有绿荫轩，但这一带池岸稍嫌规整平直，而且绿荫距水面位置也稍嫌偏高。池东以小蓬莱岛和平桥划出一水面，濠濮亭、清风池馆等建筑几与水平，环境幽僻封闭，组成一个小景区，瘦影清浅，与大水面形成对比。但小蓬莱宛在水中央，遂使池水缺乏弥漫开旷的感觉；岛上藤萝花架形象与周围环境也不是十分协调。池东沿岸重楼杰出，曲谿楼底层西墙皆列砖框、漏窗。游人至此，移步换形，处处邻虚，满目皆画。尤其举首西望，秋时枫林如醉，衬托于云墙之后，令人依恋不已。池南有涵碧山房、明瑟楼等建筑高低错落，造型玲珑，白墙灰瓦配以栗色门窗装修，色调温和雅致，堪称江南园林建筑之典范。涵碧山房取朱熹"一水方涵碧，千林已变红"诗意，轩敞高爽，陈设雅致；明瑟楼取《水经注》"目对鱼鸟，水木明瑟"句意，皆与水景相关。

由曲谿楼东去有庭院数区。主厅五峰仙馆以楠木为梁柱，故又名楠木厅。硬山造，面阔五间，宏敞精丽，内部装修陈设则精致雅洁，是苏州园林厅堂的典型。前后两院皆叠湖石峰，人坐厅中，仿佛面对岩壑，以取李白"庐山东南五老峰，青天秀出金芙蓉"诗意。此法为明代计成所不取，《园冶》中所谓："厅前掇山，环堵中耸起高高三峰，排列于前，殊为可笑。"但因植以嘉树点缀，亦可稍破庸俗，前人有词谓"微雨小庭春寂寞，花影隔帘栊"，庶几似之。后部小山前有清泉一泓，境界至静，惜源头久没，已呈时涸时润之态。山后沿墙绕回廊，可通左右前后。西为汲古得绠处，入内四壁皆虚，中部景物又复现眼前。东有还我读书处、揖峰轩，系五峰仙馆、林泉耆硕之馆两大建筑的过渡小院。小院绕以回廊，间以砖框，院中布置佳木修竹，萱草片石，无不方寸得宜、楚楚有致，涤除玄览，使人有静中生趣之感。

由揖峰轩东去为林泉耆硕之馆，面阔五间，单檐歇山造，装修陈设极尽富丽；前后两厅，内部各施卷棚，而结构有所不同，前室雕梁画栋，后室朴素简雅,故俗称鸳鸯厅。厅南原有戏台,现已废去。厅北对冠云沼和冠云、岫云、朵云三峰以及冠云亭、冠云楼。三峰为明代旧物,奇特清秀,玲珑剔透,孔窍褶皱,涡洞相接。其中冠云峰高约9米,状如英姿勃勃的武士,正手理簪缨,意欲跃马沙场,为江南最大、最美的湖石。左右配以岫云、朵云,更显得云蒸霞蔚,栩栩生动,启领了全园的风骚神韵。冠云峰后侧为冠云亭,倚于玉兰花下。向北登云梯即上冠云楼,虎丘塔影,阡陌平畴,皆可移置窗前,是借景方式的一例。伫云庵和冠云台位于沼之东西,从冠云台入月门,即为佳晴喜雨快雪之亭,亭内楠木槅扇雕刻甚精雅。

西部园林以时代而论,应为明"东园"旧规。其北为土阜,间列黄石,是全园最高处,可以远眺虎丘、天平、上方、狮子诸山。阜上枫树成林,秋叶红醉,与中部银杏相映,色彩极为绚美。林中配舒啸、至乐两亭。南为平地,杂植花树,溪涧宛转其间。溪流终点一阁临水,水自阁下流入,人在阁中,仿佛跨越溪上,不觉尽头。综观此区,景物层次稍嫌缺乏;清末所扩大部分,也过于空阔,究其原因,是由于没有古树作为骨干。

北部旧构已毁,今新建,虽广植李、杏,略无花木之胜。

留园建筑数量较多,其空间处理之突出,更居苏州诸园之冠。其厅堂宏敞华丽,辅以戏台、书房、楼馆等,充分反映了官僚豪绅骄奢淫逸的享乐生活追求;而为取得多样的园景并解决建筑过于密集而采取的一系列空间处理和建筑布置手法,又充分表现了古代匠师的高度技艺水平和智慧创造。无论从鹤所进园,经五峰仙馆一区,至清风池馆、曲谿楼到达中部山池,还是经园门曲折而入,过曲谿楼、五峰仙馆而进东园,空间的大小、明暗、开合、高低,参差对比,形成有节奏的联系,衬托了各庭院的特色。如从园门进入,先经一段狭窄的曲廊、小院,视觉为之收敛;到达古木交柯一带,略事扩大。南面以小院采光,布小景二三处,北面透过漏窗隐约可见园中山池亭阁的一鳞半爪。通过以上一段小空间的序幕,绕至绿荫轩而豁然开朗,山池景物显得格外旷畅明亮。在此主要山池周围,另有若干小空间或隔或联,作为陪衬和呼应。由此往东,经曲豀楼等曲折紧凑的室内空间到达主厅五峰仙馆,顿觉宏敞开阔,也是一种对比作用。厅四周的鹤所、汲古得绠处等小建筑,本是辅房,比较低小;厅东揖峰轩一带则由六七个小庭院组成,相互流通穿插,使揖峰轩周围形成许多层次,故无局促逼隘之感。由此往东至林泉耆硕之馆,又是厅堂高敞,庭院开阔,石峰崛起。在这几组建筑之间,另有短廊或小室作为联系或过渡,尺度低小,空间封闭,进一步加强了以大观小、小中见大的效果。

三、拙政园

拙政园位于苏州市姑苏区,明正德年间(1506—1521)御史王献臣在此占寺地建造园林,取潘岳"拙者之为政"之意,名"拙政园"。后其子以赌博负失,归徐氏。清初属陈之遴,陈因罪充军后,一度为驻防将军府,其后又为兵备道馆。康熙初改苏松常道新署;苏松常道缺裁,又散为民居,但风物仍有可观,据恽寿平康熙二十一年(1682)游记:"秋雨长林,致有爽气,独坐南轩,望隔岸横冈叠石峻嶒,下临清池,涧路盘纡,上多高槐、柽柳、桧柏,虬枝挺然,迥出林表,绕堤皆芙蓉,红翠相间,俯视澄明,游鳞可取,使人悠然有濠濮间趣。自南轩过艳雪亭,渡红桥而北,傍横冈循石间道,山麓尽处有堤通小阜,林木翳如,池上为湛华楼,与隔水回廊相望,此一园最胜地也。"乾隆初归蒋棨,易名复园。嘉庆中再归查世倓,复归吴璥。太平天国时为忠王府之一部分。天京沦陷后,为清政府所据。同治十年(1871)改为八旗奉直会馆,仍名拙政园;西部归张履谦,易名补园。拙政园屡易其主,其间经过多次改建,现存园貌主要是清末时所形成的。占地六十二亩,与留园同为苏州的大型园林。

拙政园的布局主题以水为中心,池水面积约占总面积的五分之三,主要建筑物十之八九皆临水而筑。据文徵明《拙政园记》:"郡城东北界娄齐门之间,居多隙地,有积水亘其中,稍加浚治,环以林木。"可知是利用原来地形而设计成园的。当时园内建筑稀疏,而茂树曲池,水木明瑟而旷远,富于自然的情趣。明末东部划出另建归田园,余下部分又屡次易主。清初吴三桂婿王永宁据园时,大兴土木,堆置丘壑,原状大为改变。至清中叶,园又分为二,从而形成现状所呈东、中、西三部分。咸丰以后的改建、扩建,主要就是在此基础上进行的。

　　拙政园位于住宅北侧,原有园门是住宅间夹弄的巷门,中经曲折小巷而进入腰门。入园后迎面有黄石假山一座作屏障,使人不能一眼尽览园中景物;山后有小池,循廊绕山转入远香堂前,峰回路转,顿觉开朗,柳暗花明,景物纷至沓来,眼目为之一亮。各种建筑物集中分布于园南靠近住宅的一侧,以便与住宅联系。其中,远香堂是中部的主体建筑,居中心位置,它的周围环绕有玉兰堂、小沧浪水院、枇杷园、海棠春坞、见山楼、柳荫路曲等。远香堂周围环境开阔,所以采取四面厅的做法。四周长窗透空,可以环观四面景物,犹如现代的全景画馆。

　　堂南假山叠石,为黄石山中较好的作品之一。山上配植林木,与堂前广玉兰数株扶疏接叶,以一泓池水相衬托,使院景颇具层次。堂北临水,设宽敞的平台。水池中垒土石成东西两山,隔以小溪,但在组合上仍连为一体,起着划分水面、分隔南北空间的作用。西山山巅建长方形平面的雪香云蔚亭,与远香堂构成对景。东山山上建六角形待霜亭,又与雪香云蔚亭构成对景。两山结构以土为主,以石为辅,向阳一面黄石池岸起伏自然,背面则土坡苇丛,野趣横生。满山遍植林木,品种以落叶为主,间植常绿树种,使四季景色应时而异。山间曲径铺以碎砖,蔓以芳草,两侧丛竹乔木掩映,浓荫蔽日。岸边散植灌木,低枝拂水,更增水乡弥漫的意境。山西与二桥交汇处建荷风四面亭,闲情雅淡,香色无边,体量虽小,但角翘高举,造型优美。出亭由柳荫路曲西去,可以北登见山楼,西入别有洞天。山东有曲廊直通梧竹幽居处。

　　堂东另有土山一座,上建绣绮亭。此山与远香堂南面的假山以石壁和石坡相互穿插延伸,并利用枇杷园的云墙使两山在构图上组成为有机整体。山南枇杷园一区建筑不多,但布置简洁。山东海棠春坞中唯海棠数本、榆一株、竹一丛,无不配置得体。建筑物之间用短廊相接,在不大的面积内隔出几个空间,通过漏窗门洞又连成一气。枇杷园北侧云墙上有园洞门名晚翠,南望以嘉实亭为主构成一景;北望以雪香云蔚亭为主又构成一景。

堂西与南轩相接,池水在此分出一支南向展延,直至界墙,以幽曲取胜。廊桥小飞虹截之中流;水阁小沧浪横跨南湾。两侧亭廊棋布,组成水院,环境十分恬静。由小沧浪凭栏北望,透过飞虹桥,遥见荷风四面亭,而以见山楼作远处的背景,空间层次深远,景色如画,其北则有旱船香洲。香洲如舫,前部临水,建筑也较低,有降低视点、扩大水景的效果。香洲后部为楼,可登临一览水中双山三亭;而其本身的玲珑造型,也可供作周围各景点的观赏对象。

入别有洞天月洞门即到达西园。它与中部原本是不分开的,后来一园划分为二,始用墙垣间隔,如今又合二为一,因此墙上开了漏窗。当其划分时,西园欲求其自身的整体性,不得不在小范围内加工。沿水的墙边建有水廊,极高低曲折的变化,下承石墩,水面探入廊下,人行其上,宛若凌波,为苏州诸园中游廊的极则。廊墙之间更空出一角小院,立几点怪石,数竿修竹,一枝芭蕉,淡烟细雨时候,映衬在白粉墙上,宛似水墨清淡的竹石画轴。南北分置宜两亭、倒影楼,互为对景。水南的十八曼陀罗花馆和三十六鸳鸯馆为西部的主体建筑物,两馆共一厅,内部又分为二。外观为歇山顶,面阔三间,前部空间缩小,后部挑出水中。内用卷棚四卷,四隅各加暖阁。此厅为主人宴会和顾曲之处,因此,卷棚的使用有助于增加演奏效果,而暖阁的设置则可解决进出时的风击问题,复可作为宴会时仆从听候之处和演奏时的后台之用。北厅宜于夏秋,观鸳鸯于荷蕖之间,红碧媚水;南厅宜于冬春,观宝朱山茶花(即曼陀罗花)于小院之中,罗袖动香,所以分别以鸳鸯馆和曼陀罗花馆名之。对岸为凉翠阁,八角二层,登阁可鸟瞰全园风光。其下隔溪小山上置笠亭、扇面亭。西岸为留听阁,柳外轻雷池上雨,雨声滴碎荷声,颇传"留得枯荷听雨声"之神韵。

拙政园东部久已废弃,现存规模均为近数十年间所重建,面目全非,故从略。

综观此园结构,以池水为中心,建筑、假山、花木皆围绕这一中心而展开,尤以中部的处理最为成功。水面有聚有分,聚处如远香堂北面以辽旷见长,分处如小沧浪一带以幽曲取胜。整个水面空间既有分隔变化,又彼此贯通、相互联系,并在东、西、西南诸方留有多个水口,伸出如水湾,有不尽之意。既因水多,故而桥多,桥皆平桥,设有低栏,轮廓横平,简洁而轻快,与平静的水面环境异常协调。空间分隔多利用山池、树林、房屋而少用围墙,所以处处流通,构成此园疏朗、开阔、明净、秀雅的特色。

四、网师园

网师园位于苏州葑门十全街。原为南宋史正志万卷堂故址,称"渔隐",后荒废。乾隆年间宋宗元重建,取渔隐旧义,改名网师园。此后几经易手,乾隆六十年(1795),归瞿远村,遂加以改建,成为今天的规模。光绪年间又转归李鸿裔之后,因与沧浪亭相隔不远,遂号"苏邻小筑"。此园占地不大,仅八亩许,但保持着旧时世家一组完整的住宅群。园林在住宅偏西,两者之间有数处门道可通,以园东南角的"网师小筑"门为主要入口。

入门一短廊,西楼小山丛桂轩为全园主厅,取名于庾信《枯树赋》中"小山则丛桂留人"之句,以喻迎接、款待宾客之意。轩的南、西两面为小院,幽曲深闭,桂香满庭,轩北以黄石叠成"云岗",挡住视线。从轩西折廊迤北,可至蹈和馆和濯缨水阁。水阁悬于池上,凭栏一望,波光潋滟,柳暗花明,颇有"碧染长空池似镜,倚楼闲望凝情,满衣红藕细香清"的词意。

网师园顾名思义,以水为主题。所以水池居中,基本方形,虽仅半亩,但岸石低临,进退曲折,复于石下仿波浪冲蚀的意象使水面探进,临水建筑也尽量低近水面。在池的东南、西北两角又伸出溪湾,上跨小桥,从而开拓了意境,虽一勺水亦有浩漫之意。由水阁傍西墙北去,廊渐高,清阴满地,乘月步虚;登至一亭,名"月到风来",仅高出水面米许,但和其他建筑对比,却有登高一览的效果。皓魄当空,清风徐来,倒影池中,占尽风月,颇有高处不胜寒之慨。亭北跨水湾过折桥通向一苍松翠柏怪石区,体量较大的看松读画轩北离水岸,与濯缨水阁成为对景。轩西为殿春簃,原为芍药阑,"假山西畔药阑东,满枝红",每新雨洗花尘,扑扑小庭香湿而落英如茵,又不禁令人起惆怅的殿春之感。何绍基有联云:"巢安翡翠春之暖,窗护芭蕉夜雨凉。"环视小轩三间,拖一复室,竹、石、梅、蕉隐于帘外窗后,微阳淡抹,月色空明,皆成图画。轩东为集虚斋和五峰书屋。斋南竹外一枝轩以廊向水,通透空巧。轩东端南接射鸭廊,再接射鸭水阁。廊系半亭,与池西月到风来亭相映,凭栏静观,池水弥漫,聚而支分,去来无踪。阁以歇山面朝向水池,背贴住宅后堂之山墙,冲破了庞大山墙的板滞。阁南堆起一丛山石,石东在山墙上开设两方假漏窗,其上横列一条披檐,平衡了以山墙为背景的画面构图。

园中桥与步石亦皆环池而筑,其命意在不分割水面而增支流之深远。至于驳岸有级,出水留矶,亦可增人"浮水"之感。而亭、台、廊、榭,无不面水,使全园处处有水可依。即如殿春簃一院虽无水,但西南角凿冷泉,贯通全园水脉,有此一眼,终不脱题,所以,其理水之法,当为苏州小型园林之典则无疑。"水纹细起春池碧,池上海棠梨,雨晴红满枝",是此园最胜意境。

五、环秀山庄

环秀山庄位于苏州景德路,原为五代钱氏金谷园故址,入宋归朱伯原,元时属张适,明成化年间为杜东原所有。乾隆年间蒋楫居之,掘地得泉，名曰"飞雪"。毕沅继蒋有此园，复归孙补山家，道光末属汪氏，名耕阴义庄，颜曰环秀山庄，又名颐园。此园面积不大，占地仅一亩许，而且无外景可借。但造园家以移山缩地之惯技，极其惨淡经营，尤以叠石之精，当推为苏州诸园第一。

环秀山庄原来布局，前堂名有穀，南向前后点石，翼以两廊及对照轩。堂后筑山庄，北向四面厅，正对山林。一亭浮水，一亭枕山，西贯长廊，尽处有楼。循蹬登楼，可俯视全园。飞雪泉在其下，补秋舫横其北。现原有建筑大半已颓，尚存问泉亭、补秋舫、半潭秋水一房山等。

东南隔为湖石山区，体积雄巨，造型奇巧。为乾隆时叠石名家戈裕良所作。能逼真地模拟自然山水，将峡谷、岩洞、曲蹬、飞梁、危峰、峭壁等巧妙组合。山势的起伏，岩石的脉理，浑如天成。结构轮廓，由主峰和环卫四周的几个次峰揖让而成，有主有从，层次分明；细部则叠有无数涡洞皱纹，一石一峰，交代妥帖，所以既可远观，也能近赏。假山虽不足半亩，却辟有 60 余米的山径，盘旋起伏，山重水复，移步换景，变化无穷。

主峰位于园之东部，后负山坡前绕水。自问泉亭南渡三曲桥入崖道，弯入谷中，有涧自西北来，横贯崖谷。经石洞，天窗隐约，钟乳垂垂，踏步石，上蹬道，渡石梁，幽谷森严，荫翳蔽日。一桥横跨，欲飞还敛，飞雪泉石壁，隐然若屏。沿山巅即达主峰，穿石洞，过飞桥，至于山后。半潭秋水一房山与问泉亭恰成对景。缘泉而出，山蹊渐低，峰石参差，即补秋舫所在，东门"凝青"、西门"摇碧"，足以点醒全园景色。

水池在园之西南，又有水谷两道，深入南北假山中，蜿蜒深邃，益增变化。水上架曲桥飞梁，以为交通。山以深幽取胜，水以环湾见长；山无一处不藏，水无一笔不曲；山有脉，水有源，其间的关系，可谓息息相通，而得真山水之妙谛。

环秀山庄大厅四面都种植有青松、翠柏、紫薇、玉兰，补秋舫前栽有成片芍药。万树绿低迷，一庭红扑簌，为山池、建筑作锦上添花，平添生意十分。尤其是一种纯白色的芍药名"月下素",是极珍贵的品种,当其含恨倚东风、凝露妒啼妆之时,小园风情,尽在脉脉无言之中。

六、沧浪亭

沧浪亭位于苏州三元坊附近,为现存苏州最古的园林。五代时原为广陵王钱元璙的别墅,一说为中吴军节度使近戚孙承佑所建。北宋庆历年间(1041—1048),苏舜钦买地作亭,名曰"沧浪",并作《沧浪亭记》记其胜,有云:"前竹后水,水之阳又竹,无穷极,澄川翠干,光影会合于轩户之间,尤与风月为相宜。予时榜小舟,幅巾以往,至则洒然忘其归。"又有诗云:"夜雨连明春水生,娇云欲暖弄微晴;帘虚日薄花竹静,时有乳鸠相对鸣。"此外,欧阳修、梅圣俞等也有诗文题咏,一时名声大噪。后来几经易主,为章申公家所有,遂将园扩大,增添建筑。南宋初年,一度为韩世忠的宅园,又增加了一些建筑。自元迄明,几经兴废,成为僧居和庵堂,释文瑛复子美之业于荒残不治之余,重建沧浪亭,归有光为之记。康熙年间(1662—1722),宋荦任江苏巡抚,寻得旧址,重加修葺,增建苏公祠和五百名贤祠,并得文徵明隶书"沧浪亭"三字作为匾额。后再毁于战乱,同治十二年(1873)再建,并在石柱上刻俞樾书写的对联:"清风明月本无价,近水远山皆有情。"遂成今天的规模。

沧浪亭的性质与一般私园略有不同,而兼具公共游豫的性质。在很长一段时期内,举凡官绅宴会,文人雅集,胥皆于此。因此,其构思设计也别具一格,并不采取全封闭的格局。而是疏朗开敞,通过复廊、漏窗,将园内、园外的山林景色连成一气,其特点是未入园林先成景。葑溪之水自南园潆回一碧,与园周匝,从钓鱼台至藕花水榭一带,古台芳榭,高树长廊,未入园门而隔水迎人,漫步过桥,始得入园。

沧浪亭虽是一座面水的园林,但园内却以山石为主景,园内、园外山、水截然分开。隔水使人意远,入园顿觉境幽。一房土山,隆然高起于中间,四周绕以大小建筑物,又以长廊连接,依山起伏。一路山径,箬竹丛生,缓步登上山顶,便是方形的沧浪石亭,翼然凌空,翚飞于古木苍郁之中,登高望远,翠微扶疏,满眼皆画。

大门沿河一带,用黄石假山叠成驳岸,自东而西,有藕香水榭、面水轩、观鱼处等临水亭榭建筑。园周以复廊,廊间以花墙,两面可行。园外景色自漏窗透入,遂使山崖与水际,似隔非隔,欲断还连,是一处非常巧妙的借景所在。

园内其他建筑,还有主厅明道堂,在假山东南部,与瑶华境界三间小屋前后对照,自成院落。其西为印心石屋,屋上有楼名看山楼,登楼可远眺园外近郊上方的七子诸山。再西为清香馆,庭前植木樨;由回廊折向东南,便至五百名贤祠,壁间刻有苏州历代名士的半身绘像。绕过西边仰止亭,一路廊壁上又嵌有诸多名人名胜的书条石刻;前面为翠玲珑小屋三间,屋前屋后满植蕉竹,万竿摇空,滴翠匀碧,沁人心脾,无一点脂粉气味。

七、怡园、鹤园、耦园和艺圃

怡园位于苏州人民路,明代时为吴宽宅第,颇有花竹之胜;至光绪初为顾文彬所得,其子顾承邀画家任薰等参与设计,任推荐虚谷,文彬不从,卒以任主其事,费时七年扩建而成,面积八亩余。园分东西两部分,中间隔以复廊,廊壁漏窗,图案各异。东部以玉延亭、四时潇洒亭、岁寒草庐、坡仙琴馆和曲廊围绕的庭院为主。庭前栽植花木,点缀湖石,组成一幅幅小景画面。玉延亭在东区尽头,万竿夏玉,一笠延秋,洒然清风。亭中有石刻,为明董其昌草书对联:"静坐参众妙,清谈适我情。"四时潇洒亭亦在竹林中,林中有泉名"天眼"。岁寒草庐以遍植松柏、冬青、老梅、山茶、方竹而得名。坡仙琴馆旧藏有苏轼用过的古琴,北窗外两个石峰,似两位老者正凝神听琴,原有联云:"素壁有琴藏太古,虚窗留月坐清宵。"曲廊壁上嵌历代名家法书石刻数十方,世称"怡园法帖"。西部以山水为主,于中央凿东西狭长的水池，环池布置峰石、花木，以锁绿轩为起点，取杜甫"江头宫殿锁千门，细柳新蒲为谁绿"诗意；后锄月轩、南雪亭、藕香榭、碧梧栖凤等建筑纤巧精致，位置妥帖。综观全园，布局周密，曲折多变，山池花木、亭台廊榭，无不疏朗宜人；湖石点缀之多且美，尤得自然之趣。但论气魄，已不能与明代及清前期的园林相提并论了。

鹤园位于苏州韩家巷，光绪三十三年（1907）洪鹭汀所建，以俞樾所书"携鹤草堂"而得名。后归吴江庞氏，又归严氏。园景以水池为中心，每春雨初涨，染就一泓新绿，挹无限幽意柔情。周围约略布置建筑、山石、花木，不求繁缛堆砌，而以平坦开朗为特色，在晚清造园史上别具一格。所植花木，以迎春、含笑、丁香、海棠、桂花、夹竹、紫薇、腊梅、松柏等为主，多为常见的品种；长廊曲折，与院墙构成几个小的院落，丰富了景深层次，是全园精华所在。每至清明时节，地上满是飞絮，雨后斜阳，花影零落沁香。但终以过于酸颓，不能轩轾大雅。

耦园位于苏州小新桥巷，因住宅东西各有一园，故名。东园原为清初陆锦所筑，名涉园；后为祝氏别墅，清末归沈秉成，沈聘画家顾若波主持扩建，始成现状。园景以山池为中心，北有"城曲草堂"，为重檐楼厅，尺度较大，于此卧石听涛，满衫松色，开门看雨，一片蕉声；南有"山水间"，为跨水水榭，意境幽远，隔黄石假山与城曲草堂南北相对，组成以山石为主体的主要景区。东南角有小楼与古城墙隔内城河相望，名"听橹楼"。黄石假山堆叠颇有气势，陡峭而挺拔，无论冈峦、绝壁、峡谷、磴道，都自然逼真，各具条理，可能为陆氏涉园遗物。西园较小，以书斋"织帘老屋"为中心，前后庭院中构筑廊轩，杂植花木，间置湖石。海棠借雨半绣地，绚丽复归平淡，园境倍觉幽曲静谧。

艺圃位于苏州文衙弄，明代袁祖康始建，后归文震孟，改名药圃；明末清初为姜贞毅所有，改名艺圃，又称敬亭山房；后曾为绸缎业七襄公所。园中心开水池，池北建筑错落，亭台楼阁一应俱全；池南假山嶙峋，高下曲折皆合画理。园虽不大，但景观开朗自然，不加矫揉造作而多有山林野趣，较多地保留了明代园林"虽由人作，宛自天然"的格局。月冷阑干，纵芭蕉不雨也飕飕，而弱柳从风，丛兰浥露，隔帘零落，轻碧愁深，更有无限风情，难画难描难说。钱太初题博雅堂楹联有云："一池丘水，几叶荷花，三代前贤松柏寒；满院春光，盈亭皓月，数朝遗韵芝兰馨。"足以概括此园风神。

八、瞻园

瞻园在南京瞻园路，明初为中山王徐达王府之西花园；入清改为藩署，乾隆南巡时题名为瞻园，太平天国时先后作东王杨秀清府和地官副丞相赖汉英府；天京覆灭后遭清军严重破坏，嗣后复作官署；同治、光绪间虽曾两次重修，但已非原貌。今辟为太平天国革命历史博物馆，所存建筑，多为同治后所构。

瞻园呈南北向长方形，面积八亩余，以主体建筑静妙堂分割为南北两大空间。南区原有扇形规整式水池，形象板滞，现已改为大小两池，并新堆一座湖石南山。东侧原有亭廊过于僵直，亦全部拆除，改为曲廊。北区假山原来体量不够高大，加上园外有高楼，故在山顶平台又加叠一石屏，并在东北角叠一峭壁山作为石屏之烘托，又于绝壁下新挖一水池与山前水池相通。此园以山石为主景，水池为衬景，虽较多新的手笔，但北假山峰峦崛起，岩谷层层，云壑泉泓，自然生动，仍保留有若干明代手法。静妙堂树色遮暗，花影分香，开窗则四远风凉，掩棂则一抹斜阳，意境尤为幽隽。

九、个园、何园和卢宅、匏庐

个园位于扬州东关街，传为石涛寿芝园故居。嘉庆、道光年间为盐商黄应泰所有，遂加以扩建，植竹万竿，因名"个园"。住宅各三进，每进厅院,都有套房小院,各院中置花坛,竹影花香,十分幽静。园林在住宅背部,从屋边小弄进入,老干紫藤,浓荫深郁,每当春晴,紫雪缤纷,灿如云霞。前左转达复道廊,迎面花坛种竹,竹间立石笋。竹后花墙开月洞门,进门为桂花厅,厅前植丛桂,每当中秋月色湛然,满树婆娑幽香,满地荇藻横斜;厅后凿水池,北面沿墙建楼七间,山连廊接,木映花承,登楼可鸟瞰全园风光。楼西叠假山,黄石与秋山为对景,故名"秋云"。山上立古松,繁阴如盖,嫩苔翠湿,山下池水曲桥,有洞如屋,幽邃深奥;正面向阳,湖石石面变化多端,如夏云奇峰,故名"夏山"。山南旷地,当时植竹,万竿摇碧,流水环湾,其景象可想。由假山石蹬而引登山巅,转七间楼,经楼、廊、复道,可到东首大假山,主面向西,拔地数丈,夕阳余晖抹于黄石上,倍觉色彩醒目。山间古柏出石隙中,蹬道置于洞内,洞顶钟乳垂垂,天光从石窦中透入,上下盘旋,立体交通,可谓匠心独运。山中另有小院、石桥、石室,山顶有亭,坐亭中但见群峰皆置脚下,北眺绿杨城郭、瘦西湖及平山堂诸景,一一借来园内。山南透风漏月楼,厅前堆宣石白色假山,冬日拥炉赏雪,寒意自生,有"残雪庭阴,轻寒帘影"意境。墙东列洞,引隔墙霏霏春景入院,又有大地回春之意。

此园以竹为名,却以叠石的精巧而驰誉。采用分峰用石的手法,争奇斗胜,石钟如春笋,湖石如夏云,黄石如秋霞,宣石如白雪,号称"四季假山",囊括了"春山淡冶如笑而宜游,夏山苍翠如滴而宜看,秋山明净如妆而宜登,冬山惨淡如睡而宜居"的画理,构成了个园山林的独特风格,为国内唯一孤例。

何园原名寄啸山庄,位于扬州徐凝门大街,原系乾隆时双槐园的旧址,光绪间由何芷舫加以扩建。其住宅部分,除楠木厅外都是洋房。但楼横堂列,廊回庑缭,平面布局仍具中国传统特色。住宅最后进墙上饰以砖框什锦空窗,透窗可隐约见到园中一角。入园中央起一大池,池北楼宽七楹,主楼三间稍突,两侧楼平舒伸展,屋角均起翘,以其象形,俗称"蝴蝶厅"。楼旁连复道廊,可环绕全园,人行其间,高下曲折,随势凌空;而中部和东部,又以此廊作为分隔,上下壁间漏窗,互见两面景色,则虽隔犹连,益增游人兴味。池东筑水亭,四角卧波,旧时为纳凉拍曲之所,又以回廊作为观剧的看台。池西南为假山,山后隐西轩,轩南牡丹台,各随山势层叠起伏,无矫揉造作之态,有平易近人之感。越山穿洞,黄石山壁与湖石磴道宛转多姿,浑然一体。山南崇楼三间,楼前峰石嶙峋,经山道登楼,向东便转入住宅复道。复道廊东有四面厅,与三间轩对置,院中碧梧倚峰,荫翳蔽日,阶下花街铺地,与厅前砖砌阑凳正相匹配。厅后假山体形不大,但能含蓄寻味,尤其是小亭踞峰,古木掩映,以粉墙为背景,每当月色晚照,碎影凄清,有不可言传之妙。山西北蹬道可通楼层复道廊中的半月台,一色梨花新月,伴夜凉吹笛,是赏月的最佳处。

此园以开畅雄健见长,又以厅堂为主,水石用来衬托建筑物,使山色水光与崇楼杰阁、复道修廊相映成趣,虚实互见;又以复道廊与假山贯穿分隔,使风景线环水展开,移步换形,柳暗花明,深深不尽;复道廊的墙上漏窗,以水磨砖对缝构成,面积很大,图案简洁,雕刻手法挺秀工整,为他处所不及。

卢宅在扬州康山街,清光绪间盐商卢绍绪所建,是今存扬州最大的住宅建筑。其布局于主体厅堂外,两旁隔出小院区。院中置湖石花台,配以花木,形成清闲雅淡的空间环境。宅后专门辟出园池,名意园。池在园东北,濒池建书斋及藏书楼,自成景区。园南依墙建亭,有游廊导向北部。余地栽植乔木,以桂树为主,每到中秋,人游园中,衣襟皆香。卢宅厅堂建筑高敞宏丽,极尽豪华之能事;而意园则依稀约略,淡而弥永,每淡月阑干,听梧桐叶上疏雨,自然而澄冰雪襟怀。所以,不妨一者譬之为丽日,一者譬之为弦月。

匏庐在扬州甘泉路,建于民国初年,为卢殿虎宅第。坐东朝西,入门南向筑大厅,南端为花厅,厅北叠黄石花坛,厅南叠湖石山,山右构水轩,蕉影拂窗,明静映水。极西门外,北端有黄石山,越门绕至厅后,宅东部一尺曲池,以游廊花墙通贯,小池东南隅构方亭,隔池尽端筑小轩三间,皆随廊可达。此宅面积虽小,但小庭阴碧,遇疏风细雨,落红如扫,委婉紧凑如词中小令、诗中五绝,却是其所长。

十、豫园和醉白池

豫园位于上海黄浦区福佑路,肇逢于明代,当时面积七十余亩,满布亭台楼阁、奇峰异石、池沼溪流、名花珍木,陆具洞岭洞壑之胜,水极岛滩梁渡之趣,评者以为"江南绮园无虑数千,而此园宜为独擅"。园主潘允端,为刑部尚书潘恩之子,造此园以供"豫悦老亲",因以豫园为名。后屡经兴废,至乾隆二十五年(1760)重建,一度改名西园。鸦片战争后又遭破坏,一部分园址辟为商场,剩下东北部分建筑为学校等单位使用。20世纪50年代后加以整修,恢复园景三十余亩,其布局以大假山为主,其下凿池构亭,桥分高下,隔水建阁,贯以花廊,支流宛转,折入东部,复绕以山石水阁,聚散主次,各循地形而安排,犹存明代风格。

入门迎面为三穗堂,其后仰山堂、卷雨楼,外形多有变化。堂前有水池,隔池即为黄石大假山,出于明代叠石名家张南阳之手。石壁峭空,坡陀突兀,磴道迂回,洞壑幽深,山间瀑布淙淙而下,山上古木苍翠,山下有挹秀亭,山上有望江亭,情景之逼真,匠心之惨淡,皆极化工之能事。山东麓有萃秀堂,旁绕花廊,循山路,渐入佳境,过曲廊,峰回路转。萃秀堂厅后即为市肆,但面临大假山,深隐北麓,人留其间,俨然山林,足以澄怀观道,而不知身处尘嚣中,一墙之隔,判若仙凡,所谓"城市山林",须以隔景,效果始出,其意义又在漏景之上。池水分流,东过水榭,绕万花楼下,清流狭长,上隔花墙,水复自月门中穿过,深远不知其终。溪涧两旁,古木秀石,荫翳清凉,虽六月酷暑,略无暑气蒸人之感,银杏大可合抱,似为明代旧物,与广玉兰扶疏接叶,意境幽隽之极。此一景区,大假山以雄伟见长,水池以开阔取胜,而此溪流又以深静独擅清韵标格。在设计上,利用清流与复廊的关系,以水榭为过渡,以砖框漏窗为分隔与透视,使景深增加了不少层次。

园东部是以点春堂等建筑所组成的几区庭院。堂前溪水渐广,凤舞鸾鸣阁三面临水,与堂相对。前有和煦堂,东面依墙,奇峰突起,池水缠绵,有瀑如注;山巅有快阁,凭栏西眺,大假山如在眼前。山下绕花墙,墙内筑静宜轩,坐轩中,由漏窗透视轩外景物,隐隐约约,含蓄蕴藉。点春堂弯沿曲廊,导向情话室,室旁有井亭和艺圃。出点春门可见玉华堂前的玉玲珑石峰,其石漏、透、瘦、皱,传为宋徽宗花石纲遗物,名声曾噪于江南。

园门外尚有湖心亭、九曲桥、荷花池等,原亦是豫园中心的胜景,今已辟出园外,作为商业活动区,故不赘述。

醉白池在上海松江区人民南路,清顺治年间(1644—1661)工部主事顾大申所建。其命名取典于苏轼《醉白堂记》,谓宰相韩琦慕白居易晚年以饮酒咏诗为乐而筑醉白堂。嘉庆二年(1797)改为育婴堂。20 世纪 50 年代后恢复为园林,并扩充面积至九十亩。园分东西两部分,西部为新辟,略而不论;东部为旧园,过粉墙有雪海堂,再过墙,转洞门,入曲廊,便到达醉白池。池水清澈,曲折有致,夏秋之交,亭亭翠盖,盈盈素靥,月影凄迷,露华零落,一派疏空清韵,暗催光景,飞入藕花深处。北有池上草堂跨于水上;东有卧树轩和疑舫;东西均有廊,并有大小湖亭、水榭等。池南原有河流与池相通,隔河为村落、茅屋、竹篱、小桥、流水等自然景色,可借入园内;后因造了房屋,缭以高墙,使园内与园外分成两个区域。墙内廊壁上有石刻《云间邦彦图》二十八块,用意与苏州沧浪亭五百名贤祠的石刻完全相同,不仅增加了园林的历史文化氛围,并可用作乡里的人伦教化之助。东园之北部,另有乐天轩、流水、石桥等。园中所植花木亦甚名贵,有香樟、黄杨、女贞、金桂、紫藤、牡丹等,树龄多有在百年以上的,"沈沈幽径芳寻,暗霭苔香帘净,萧疏竹影庭深",为园池增色不少。

十一、可园、余荫山房和清晖园

可园位于广东东莞,始建于道光末年,落成于咸、同之际,原为张敬修别墅。占地甚小,仅三亩余,但园中建筑、山池、花木的布置却精巧而丰富。全园共有一楼、六阁、五亭、六台、五池、三桥、十九厅、十五房,通过九十七个样式不同的大小门洞及游廊、走道而连成一体,设计精巧、布局新奇。园门前为一片莲塘,翠云千叠,亭亭清绝,碧圆自洁,游人至此,未入园林先成景。入门穿过客厅来到擘红小榭后,幽深的园景便逐渐展开。循曲廊徐徐观赏,可以看到拜月亭、瑶仙洞、兰亭、曲池、拱桥;园后博溪渔隐,由观鱼簃、藏书阁、钓鱼台、曲桥、小榭等构成。园中主景为可楼,共四层,登楼俯瞰,园中胜景历历在目;纵目远眺,园外山川秀色尽入眼底,深得借景之妙。

余荫山房位于广州番禺区,始建于同治五年(1866),至十年(1871)竣工。其东南侧与稍晚的瑜园紧邻,今已成为该园的一部分;另一侧与潜居、善言两座祖祠相通,占地约三亩。此园以池苑与临水楼台馆舍相殷配,曲径回栏,名花石山,一应俱全。园内有主体建筑四座,以游廊式拱桥把空间一分为二。西部有石砌河池,池北为主厅深柳堂,堂前庭院两侧有两棵炮仗花古藤,花朵盛开时宛若一片红雨,十分绚丽;池南有临池别馆,建筑细部装饰玲珑精致,兼有苏杭建筑的雅素与闽粤建筑的曼丽。东部则有八角池、玲珑水榭,掩映于绿荫池水之间,还有孔雀亭、来薰亭,周植大树菠萝、南洋水松、腊梅等古木。此园虽小,但亭、台、池、馆的分布,借助于游廊、拱桥、花径、假山、围墙和绿荫如盖的高树,穿插配置,虚实呼应,软衬飞花,净随流水,构成回环幽深、隐小若大的庭园风景。门联所题"余地三弓红雨足,荫天一角绿云深",足以概括此园的意境。

清晖园位于广东佛山顺德区大良,最早系明末大学士黄士俊的宅园,乾隆间为御史龙廷槐所有。现存建筑多建于道光二十六年(1846)以后。

此园几经废弃,20 世纪 50 年代后予以重修,恢复旧貌;又将西北面的楚香园和东面的广大园连成一片,遂成今天的规模。全园建筑物的配置以船厅为主体,因地制宜,互相衬托。船厅、南楼、惜阴书屋、真砚斋等,古朴淡雅,彼此间用曲廊连接。船厅西面景物以池塘为中心,涟漪微泛,缀以水榭凉亭、蔓草修竹,显得隽雅而恬静。船厅东面的景物主要由假山和花卉组成,置身其间,暗香盈袖,花光照眼,令人心旷神怡。此园在建筑设计方面别具匠心,所有装饰图案无一雷同,并且大都以岭南佳果为题材,富于岭南特色,堪与江南名园媲美。

十二、恭王府花园

恭王府位于北京西城区前海、后海之间。乾隆时为大学士和珅的宅第,后赐庆郡王永璘,咸丰时再赐予恭王奕䜣,遂名恭王府。建筑为乾隆晚期形制,咸、同年间曾加以整修,并在府后添建花园,名萃锦园,俗称恭王府花园,占地三十八亩余。园内建筑分东、中、西三路,轴线感较强,山石环叠于东、西、南三面,水池在西南隅。东南是戏厅、怡神所、清素堂等建筑,用于会客;北部有福厅和花月玲珑馆,是园主人的起居之所。西南一带山水相映,花木幽深,自然情趣最浓,虽然面积不到全园十分之二,却集中了全园二十景之半数。所谓"二十景",完全是仿同时皇家园林的题名点景,计有曲径通幽、垂青樾、沁秋亭、吟香醉月、艺蔬圃、樵香径、渡鹤桥、滴翠岩、秋云洞、绿天小隐、倚松屏、延清籁、诗画舫、花月玲珑、吟青霭、浣云居、松风水月、凌倒影、养云精舍、雨香岑等;此外未列入二十景的还有秋水山房、云林书屋、邀月台、妙香亭、清意味斋、一山房、听莺坪、静鸥轩、小虚舟等,可见主人的高致,无富贵膏粱气味;但事实上,园林建筑的结构和装饰,相比于江南园林毕竟显得较为浓丽一些,有着明显的皇家气象。

据奕䜣之子载滢的二十景诗及诗序,题曲径通幽有云:"园之东南隅,翠屏对峙,一径中分,遥望山亭水榭,隐约长松疏柳间,夹道老树干云,时闻鸟声,引人入胜。"由于两山对峙,形成一个狭小的闭塞空间。正门前面的单梁洞门和迎门的大碣石,半抑半透,在高林大树之下、野花闲草之中的幽静空间里,透过一孔而望园景之深深不尽,真有"静含太古""秀挹恒春"的意境。再如凌倒影,为"西枕奇峰,东邻水榭,左右碧桐修竹,结绿延青,水底楼台历历可鉴";浣云居为"小山深树间编竹成篱,俨然村居且临清沼";吟青霭为"西山坳处,细草如茵,山蓓夹径间以老松偃蹇如盖,好鸟时鸣,俯瞰澄波";雨香岑在山上,为"叠嶂崇峦,峭石林立,凭窗观之,峻耸入云。山上花木最繁,每当好雨轻风,则落红成阵,绿窗馨溢,香气随雨来",如此等等,不一而足,可见其魄力之大。究其原因,一则此园为亲王私园,二则又为北方园林,以雄益秀,自然洗尽酸寒。

由于奕䜣生前喜读《红楼梦》,而园中部分景观又多符合大观园的意境,所以此园一度被传称为《红楼梦》中荣国府及大观园的原型,成为学术界的一个争鸣课题,同时也是中国园林史上的一段佳话。

十三、莲花池

莲花池在河北省保定市市区,为元代汝南王张柔开凿。初引城西鸡距泉和一亩泉之水,种花养荷,构亭筑榭,建成宅园,名香雪园;后因荷花繁茂,又称莲花池。时人郝经以为:"虽城市嚣嚣,而得三湘七泽之乐,可谓胜地矣。"明清两代,几经兴废,至雍正十一年(1733),直隶总督李卫奉旨在莲花池西北修建莲池书院,辟为行宫。嗣后,乾隆、嘉庆、慈禧等巡幸过境,均在此驻跸,并照例大加修饰,于是园林规模日增。光绪二十六年(1900),英、法、德、意联军攻陷保定,园内文物被抢劫一空,亭台楼阁几成灰炬。次年,袁世凯为诌媚慈禧,复建古莲花池,园内诸亭顶端均作莲叶托桃状,以示祝寿;百姓讥做"连夜脱逃",以抨击朝政的腐败。民国时又经战争破坏,20世纪50年代后重新加以修复。

此园面积近四十亩,以池水为主景,约占总面积的三分之一。临漪亭位于池中,水东楼、濯锦亭、观澜亭、藻咏厅、君子长生馆、响琴榭、高芬轩等建筑环池而置。又以藻咏厅为界,分成南小北大的两部分。

水东楼在园的正东,登楼可俯瞰莲池全景;其前北侧为濯锦亭,取杜甫"濯锦江边水满园"诗意命名;西南假山上筑观澜亭,在亭内下观莲池,荷叶碧波,如临海观澜。山下有篇留洞,取苏轼"清篇留峡洞"诗意而命名。藻咏厅在园的正南部,西阔五间,四面庑廊,前后卷棚抱厦,原为两层楼阁,用作文人墨客吟赋之所,后改阁为厅,建筑尺度放大。

临漪亭在北池的中心,所以又名水中亭或水心亭,为全园的点睛传神之笔。亭为两层,高四丈,重檐八角攒尖顶,底层有回廊,亭内有旋梯可达顶层。倚窗四望,天高水远,满目新爽,乾隆曾有诗题赞说:"临漪古名迹,清苑称佳构。源分一亩泉,石闸飞琼漱。行宫虽数宇,水木清华富。曲折步朱栏,波心宛相就。"

君子长生馆在园内正西,台榭凌驾水上,可凭栏赏荷、垂钓。厅堂正门有楹联曰:"花落庭闲,爱光景随时,且作清幽寻胜地;莲香池静,问弦歌何处,更教思古发幽情。"馆的南北两侧各有配房一座,北为蓬莱,南为小方壶,清雅纤巧,景色尤佳。响琴榭在园内西北角,下有小渠,渠上有桥,过桥达莲池北岸,高芬轩前后两间临池而建,寓意"高芬远映"。轩西立太湖石"太保峰";轩后为碑刻长廊,自晋、唐、宋、元、明,计历代名家法书八十二立方米。

莲花池虽本私家园林,但入清后不啻皇家苑囿,所以规模宏大,装饰繁富,陈设豪华;但毕竟又不同于苑囿,而只是帝王偶一巡幸的行宫,所以仍保留有较多私园的特色。

十四、十笏园

十笏园位于山东省潍坊市胡家牌坊街,明代时为缙绅宅第,后几经易

195

主，至光绪十一年（1885）归丁善宝，改建为私家园林，因其地不足三亩，人以其小喻为"十个笏板"，状元曹鸿勋遂为其题名"十笏园"，为北方私家园林代表作品之一。

此园虽小，但烟霞万壑，深深不尽。曲径寻幽，看重花甏石，就泉通沼，听虚籁泠泠绿窗窈窕，草色侵衣，野光如洗，荒烟一抹，极雅淡玲珑之致。园内水木清华，建有楼台、亭榭、书斋、客房等六十余间，曲桥、回廊牵引连接，鱼池、假山点缀其间，小巧玲珑，匀称而紧凑。春雨楼、漪岚亭、水帘洞、小瀑布等，无不款款情深，宛出天然。壁上镶嵌"扬州八怪"的书画石刻，另有陈列室，展出他们的真迹，为此园增添了高雅的书卷气息。

十五、退思园

退思园位于苏州吴江区同里，建于清光绪十一年（1885），是凤、颍、六、泗兵备道任生的家园，取《吕氏春秋》"进则尽忠，退则思过"之意，名为"退思"之意。全园占地近四亩，分中、东两部分。园内主要有"坐春望月楼""退思草堂""菰雨坐亭"等，整个园林设假山、亭阁、花木、池塘水榭于一体，景色富有美感。

09 第九讲
祭祀园林

祭祀园林,是指附属于祭祀建筑的园林部分。一般来说,祭祀建筑容易给人以庄严、肃穆的印象,甚至使人有压抑之感。为了营造这种森严的气氛,除了建筑布局、形制本身的严整、端庄之外,园林绿化的古朴、幽静无疑也有助于加强这种气氛。古代祭祀建筑,多选择在天然山林处。它的前后左右都有较开阔的空间,比较静穆的环境和优美的景色。这在客观上也提供了营造园林的有利条件。但中国园林艺术的宗旨,从宋代以后,原则上不再是神学意义上的,而是美学意义上的,且以文人士大夫的高兴雅致和自然天成的诗情画意为基本的追求目标;另一方面,祭祀建筑除去神圣的要求之外,毕竟是人的活动空间,因此,其园林的意义除加强森严的气氛之外,也并不排除给人以自然、清新的印象。有些甚至完全脱出了祭祀建筑的整体效果和要求,为游人的休憩和观赏提供方便,达到与皇家园林和私家园林并驾齐驱而又各擅胜场的艺术水平。

一、狮子林和西园

狮子林位于苏州潘儒巷内,东靠园林路,系元至正二年(1342)天如禅师为纪念其师中峰和尚而创建,因中峰原住浙江天目山狮子岩,而此地本是宋代废园,多竹林怪石,状类狮子,因此命名为"狮子林"。所谓"林",即丛林寺院的意思。起初范围较小,属菩提正宗寺的一部分,为僧人谈禅静修之处,两者合称狮林寺。明嘉靖年间,园林部分一度为豪绅占为私有,万历二十年(1596)复归佛门,更名圣恩寺。清乾隆十二年(1747)又经修茸,筑墙与佛寺分开,改名为画禅寺。至民国初,贝氏购得此园,大事扩建,并向池西扩大,堆置土丘,遂成今天的面貌。

狮子林建造之初,天如曾请画家倪云林、朱德润、赵善长、徐幼文等十余人,共同规划设计,然后施工,所以是中国宗教祭祀园林中最具文人私家园林意趣的典型作品,数百年间,盛名江南。倪云林还曾在明洪武初画过一幅著名的《狮子林图卷》,并赋《游狮子林兰若诗》,可见其诗情画意所达到的境界是相当之高的。

狮子林平面呈长方形,面积约十五亩,四周高墙峻宇,气象森严。全园布局,东南多山,西北多水,建筑置于山池东北两翼,长廊三面环抱,林木掩映,曲径通幽。湖石假山多而精美,以洞壑盘旋出入奇巧取胜。石峰林立,玲珑俊秀,有含晖、吐月、玄玉、昂霄等名目,还有木化石、石笋等,皆元代遗物。山形东、西各自形成一个大环形,山上满布奇峰怪石,大大小小,各具姿态,多数像狮子形,千奇百怪,莫可名状。石隙间长有粗大的古树,枝干交错,溢翠摇绿;石峰下又全是山洞,高下盘旋,处处空灵,每换一洞,洞内、洞外,景观全不相同,故有"桃园十八景"之称。天如禅师有即景诗称:"鸟啼花落屋西东,柏子烟青芋火红;人道我居城市里,我疑身在万山中。"但今天所见,或经后世重修,违背了初建时简朴、写意的造园手法,趋向烦琐和庸俗。假山的洞穴越来越多,峰石越来越形似于真狮子,其间的高下雅俗还是判然可别的。

园内建筑以燕誉堂为主厅,高敞而宏丽,入园门循走廊北行不远即可到达。堂屋圆洞门上有"入胜""通幽""听香""读画""幽观""胜赏"等砖刻匾额,起到点景作用。中堂内陈设有《狮子林图卷》和"重修狮子林记"屏刻,为游园者起到先导的作用。前院有花台石笋,夹峙玉兰两株。其北为小方厅,额题"涉园成趣",厅前有"息庐""安隐"砖刻。厅北以廊分隔,北辟小院,筑花台,叠石峰。过后院向西即指柏轩,为全园正厅,两层阁楼,四周有庑,高爽玲珑。轩额曰"揖峰指柏",合朱熹"前揖庐山,一峰独秀"和高启"人来问不应,笑指庭前柏"诗句而取名,含有禅意,故厅前有峰石和古柏数株,其中一株名腾蛟,已逾数百年树龄。后廊有"怡颜""悦话""留步养机"等砖额;轩南面对假山,当面小池上一桥轻跨,渡桥便到东面环形假山,假山中央平地,筑小楼名卧云室。西侧有涧,隔涧即为中部山池区。

指柏轩之西南角为见山楼,取陶渊明"采菊东篱下,悠然见南山"诗意。在此望窗外假山,有满目怪石、变幻陆离之感。而露梗霜枝,则瘦碧飘萧,腻黄秀野,虽风雨不来,而秋意已经弥漫。楼西为荷花厅,面临广池,厅内有"四壁风来""襟袭取芬"等匾额及"缘溪""开径"等砖刻。厅前临水筑平台,可供观山、赏荷、数鱼。荷池面积甚大,一泓如碧,香色无边;假山临池,叠峰奇嶂,水石相涵,极深静淡远之致。厅西宛转九曲桥,跨池与园西土山相连,中间设六角湖心亭。池鱼穿波,垂柳拂水,在此可四面纵观全园景色。厅西北傍池建真趣亭,亭内藻饰金碧辉煌,结构精致巧整,各种人物、花卉、图案雕刻极尽能事,凭栏可从石山与土山缺口遥望西南部景致。亭旁有石舫,上下两层,位于全园西北最低处。从舫上作东南望,一派林木山石,曲折高下,不觉身在石林水涧、晚烟深处。

石舫北岸为暗香疏影楼,因邻近问梅阁,推窗可见梅花,故名。每黄昏片月,有碎阴满地,一庭香雪。由此循走廊转弯向南达飞瀑亭,为全园最高处。用湖石叠成三折,上有水源,下临深潭,虽为人工瀑布,实可乱真,弄泉照影,肌骨清绝。问梅阁为园西景物中心,阁名取李俊明"借问梅花堂上月,不知别后几回圆"诗意。此处旧有古梅名"卧龙",阁上悬"绮窗春风"匾额,阁内窗纹、器具、地面皆雕刻成梅花形,屏上书画内容亦均取材于梅花,花梢淡月,最能弄影牵衣。真如高启《问梅阁》诗所云:"问春何处来,春来在何许?月坠花不言,幽禽自相语。"阁前为双香仙馆,因馆中有梅,馆外有莲故名。双香仙馆南行折东,西南角有扇子亭,建于曲尺形的两廊之间,与廊贯通。亭后空间辟出小院,布置竹石,如水墨清淡的小品画,气韵高雅且生动。园南界墙东端折为复廊,过此至东部庭院为立雪堂,用"程门立雪"典故纪念师恩。堂内小院中砌湖石多后世所作,模拟牛、蟹、鱼、蛙等,格调不高。由复廊西行可达修竹阁,跨涧而建,一面连山,三面环水,东、西两组假山在涧北端连成一体,由此入山涧即可进入卧云室,环抱于各种形状的峰石丛中,如枕卧白云之间,故名。

综观狮子林的匠心之妙,主题明确,景深丰富,个性分明,确有其独到之处。但后世的修复,使之趋于繁缛造作,于其格调不免有所降低。峰石假山的堆叠如此,建筑的装修亦然,如某些建筑采用水泥墙面、五彩玻璃、铁栏杆等,中西杂糅,古今不分,完全偏离了传统的园林美学要求,是不可取的。

西园在苏州阊门外,始建于元至元年间(1335—1340),初名归元寺;明嘉靖年间(1522—1566)徐泰时置建东园(后为留园),同时将归元寺改为别墅宅园,易名西园;泰时死后,其子徐溶又舍园为寺,仍称归元寺;崇祯八年(1635),茂林律师主持该寺,为弘扬律宗,更寺名为戒幢律寺,俗称西园寺,简称西园;清咸丰十年(1860),寺毁于战火;同治八年(1869)至光绪二十九年(1903)之间陆续重建,遂成为今天的规模。

西园包括戒幢律寺和西花园放生池两部分。园林部分主要是指西花园而言,位于五百罗汉堂后面,环境幽静,宽广而明净。全园以放生池为中心,环池亭台馆榭,曲径回廊,掩映于山石花木之间。湖心亭六角翼然,势欲翠飞而点立于水中央,以曲桥贯通两岸,构筑巧妙,柔情盈盈。但此园的山林气象,目的并不在引导观者遗物忘我的超越世俗,而在于放生积德的佛教功德。放生池为一蝌蚪状大池,头南尾北,折向东南,面积相当宽大。池内鱼鳖极多,多为佛教信徒所放生,其中五色鲤鱼、百年老鼋等,尤为国内所罕见。碧波映空,清阴涨地,一片野情幽意,而苹花点点,都是佛家慈心。有佚名《西园看神鼋》诗一首云:"九曲红桥花影浮,西园池水碧如油;劝郎且莫投香饵,好看神鼋自在游。"足以点醒西园的景观特点。当然,小桃无语,修竹关情,芭蕉叶卷出一襟凉思,多少还是点出了一些山林氛围的。

二、曲水园、秋霞圃和古猗园

曲水园在上海市青浦区,原为城隍庙灵圃,创建于清乾隆十年(1745),因建园时向城中居民每人募一文钱,故又名一文园。乾隆四十九年(1784)扩地增修,历四十余年始成,占地三十余亩,园内有二十四景。嘉庆三年(1789)易名曲水园,1927 年后改为公园,但旧有园林面貌仍有部分保留。

园内景物以大假山为中心,山间磴道盘旋曲折,扫出林木蓊翳,登高一望,城郊景色尽收眼底。山前后有荷花池,其西有溪水相连,溪畔长堤贯穿南北,是全园主要游览路线,两侧山水相倚,亭桥企望。建筑物多集中在西南区,以凝和堂为主体,东有花神堂庭院。堂西隔水是以有觉堂为中心的一组庭院,周围有御书楼、舟而非水、夕阳红半楼、得月楼等环绕;西北连有涌翠亭,长堤上跨喜雨桥,小濠梁、迎曦等环池而立,体态各异。后池曲桥临波,长廊款款,树阴深处;时有蝉噪鸟鸣,更显得清幽恬静。园中松槐婆娑,银杏参天,筑园时初植的百年老树,仍扶疏接叶,花繁果硕,为此园增色不少。

秋霞圃位于上海嘉定区嘉定镇内,创建于明正德、嘉靖年间(1506—1566),为工部尚书龚弘的宅园;隆庆年间(1567—1572)其孙龚敏行因家境破落,将它卖给徽商汪某;万历年间(1573—1620)敏行之子锡爵中举,汪某又将园归还龚氏。未久,沈弘正在园东另建一园。雍正四年(1726),地方上的士绅富商购下秋霞圃,改建为城隍庙后园;乾隆二十四年(1759),又将其东沈氏园并入。咸丰十年(1860)毁于兵燹,仅存几堆湖石、一泓池水。光绪二年(1876)后陆续重建,但在厅堂、轩室内开设了茶肆、商店,几同公园、庙市。

此园以狭长水面为中心,池西北以建筑物为主,有山光潭影四面厅。厅西叠黄石假山,山上枕即山亭,登亭可俯瞰全园,远眺城乡。山下有归云洞,山北麓有延绿轩。池南为湖石大假山,泉流仿佛出自山中。山上植落叶乔木,身入林中,顿觉园景幽邃,不知尽端。北岸临水有朴水亭,西部尽端面水为丛桂轩,其南为池上草堂,折东有舟而不系轩。池东有屏山堂,与丛桂轩互为对景。

此园建筑,池南多隐于山石花墙间,池北则较为显露,抑扬顿挫,匠心可鉴,"虽只有一枝梧叶,实不知多少秋声"。当时地方名流多有题咏,尤以邓钟麟"达人寄兴在山水,叠石引泉多幽致。经营佳圃名秋霞,丘壑迂回列次第。到来城市俨山林,柳溪花径相攀寻""莺语堤边照隔林,寒香室外花盈坞""徘徊还憩层云后,宛转仍归数雨斋""坐久更深濠濮兴,频歌水槛波凝镜"诸诗句,最能传其神韵。

古猗园位于上海嘉定区南翔镇,明嘉靖年间(1522—1566)由闵士籍所建,原名猗园。亭园设计出于当地著名竹刻家朱三松的构思。清乾隆十一年(1746)为叶锦购得,大事修葺,易名古猗园。乾隆五十三年(1788)改属州城隍庙,成为上海近郊的一座祭祀名园。抗战期间,园中建筑大部被毁;20 世纪 50 年代后予以修理恢复,并进行扩建,由清时的二十七亩扩大到九十亩,面貌为之一变。原古猗园以戏鹅池为中心,春水方生,波光粼粼,风和花香,烟锁柳长,满园池馆,皆生青草。池南为竹林山,翠微绿暗,轻阴摇雨,洗尽尘垢;山顶有亭,山麓临水,面有水榭,名浮筠阁,与池北石舫不系舟互为对景。西麓过小桥为鸢飞鱼跃轩,轩北穿小云兜山谷为逸野堂,堂前古槐有四百年树龄,堂北为五云峰。过小桥有白鹤亭,造型轻巧,势欲翠飞,其南过小松岗为南厅庭院。此外,尚有微音阁、梅花厅等建筑,花影阑干,莺声门径,无不解得留人霎时凝伫。

三、兰亭

兰亭在浙江绍兴柯桥区兰渚山下,因东晋王羲之与谢安等四十四人于永和九年(353)雅集于此,并举行祓契活动,当时诸人均作有诗文,发抒超越世俗的感慨,由王羲之作序并亲笔书写成文,即"天下第一行书"《兰亭序》,后人为纪念"书圣"及兰亭雅集,因建兰亭。最初时兰亭建于现址的东北,后因毁圮,遂于明嘉靖二十七年(1548)迁建于现址。

兰亭建筑不多,采用园林布局手法,背倚群山为屏,前有曲水回环,临溪有流觞亭,用作"流觞曲水"的游戏活动,是古代造园艺术的惯用手法。亭西有王右军祠,祠中正殿供有王羲之像。殿前有墨池,池中建墨华亭,有小桥南北相接,亭内两廊墙上嵌古代碑刻,其中仅唐宋书家临摹的《兰亭序》就有十余种。流觞亭后有御碑亭,立康熙所书《兰亭集序》碑及乾隆所书七律诗碑。亭前约三十米处为鹅池,池畔建石碑亭,中立"鹅池"二大字石碑,传为王羲之手书。此园倚平冈而取山形,借曲水而摄树影,远近景物浑然一体,深得山川灵秀之气。《兰亭序》所记:"此地有崇山峻岭,茂林修竹,又有清流激湍,映带左右,引以为流觞曲水,列坐其次,虽无丝竹管弦之盛,一觞一咏,亦足以畅舒幽情。"用作描述今天的兰亭,大体上还是相吻合的。

四、慈宁宫花园和景山

慈宁宫在北京故宫紫禁城前朝三大殿之后,内廷后三宫之前,肇建于清顺治十年(1653),乾隆四十四年(1779)增修,系专为太后起居之用的宫殿。宫南为供太后、太妃使用的佛堂建筑,完全采用园林的手法加以规划布局,因此称为慈宁宫花园。作为园林艺术,兼有皇家园林和宗教祭祀园林两种性质,但它的范围不大,所以又有精致细腻的特点。

花园的南门内叠假山一座,对园景起到"开门见山"的障蔽作用。假山左右尚有许多小堆山石，散落有致地隐现于树丛之中，颇具山林野景之趣。假山北面，砌出花台，春秋之季，万紫千红，衬映出南部的临溪亭倍增娇艳。亭跨池而建，池边玉石栏杆，彩色琉璃面雕龙墙裙以及亭本身的造型，极华赡之致，略有大内的皇家气象。东西两侧，又有含清斋、延寿堂相向而立，共同构成花园南部的观赏中心。

花园的北部，是全园的主体建筑咸若馆。馆后及两侧皆有重楼拱卫，北面慈荫楼，东面宝相楼，西面吉云楼，围成一个半封闭的三合院落，既作为花园北部的屏障，又使南部一带建筑显得低平近人。这一区馆楼，都是供佛之所，内有三世佛及救度母佛像，气氛较为庄严肃穆。

综观慈宁宫花园，建筑布局整齐匀称，左右相对，主要靠装修的精巧和水池、山石、林木的布置，营造出园林的氛围。园中莳栽了梧桐、银杏、松柏等多种花树，足以四时成景。

景山位于北京紫禁城的正北，其正门北上门与神武门相对，是明清大内宫殿的屏康和延续。其旧址，元代为御苑，称为后苑；明代用开挖紫禁城护城河的泥土堆积成山，称青山或万岁山，别名煤山；清乾隆十五年（1750）加以增修扩建，遂成今天的规模。

景山以中峰为最高，达四十余米，上面建有万春亭，平面方形，三重檐攒尖顶，上覆黄色琉璃瓦。东西两侧对称布置，近处山峰分别有观妙亭、辑芳亭；远处山峰则有周赏亭、富览亭，主次分明，秩序井然，突出了贯通紫禁城宫殿的中轴线。登上主峰，于万春亭中凭栏南望，紫禁城九重宫阙灿烂辉煌，尽收眼底，心神为之一畅。近瞰，满目城户，一片林屋，北有什刹海，西为三海，湖水似镜，林木郁葱。远眺，东为平原，一望无垠，西为峰峦，上接天际。

这里在清代主要是作为皇家尊孔祭神的场所，在绮望楼中供奉有孔子牌位，山上五座亭子中亦供有铜佛像，通称五味神。其北部的寿星宫里，牌坊、城门、戟门、正殿、配殿、山殿、神殿、神厨、碑亭院落成串，均采用庄重严肃的对称布局，系专门用作供奉皇室祖先影像的场所，后来还用作皇帝去世后停放棺椁之处。

景山上下,遍布松柏,青翠如黛。其东麓原有一株老槐树,明朝末代皇帝崇祯朱由检即自缢于此。此外还辟有芍药园、牡丹园、果木林等,每逢春秋两季,万紫千红,百花争艳,更衬托出景山的风神姿色。它既自成景观,又是紫禁城宫殿的衬景,同时还是京城其他名园的借景。

五、普宁寺

普宁寺位于河北省承德市承德避暑山庄的东北面,为著名的"外八庙"之一。坐北朝南,背山面水,占地面积近五十亩。建于乾隆二十年(1755),仿西藏三摩耶庙形制,是一组汉藏结合的宗教建筑。其平面布局,前后分两部分,为三进院落,主要建筑分布在中轴线上,山石堆叠。园林配置,均处理得灵活巧妙。

山门之内以碑亭居中,散植几棵大松树,使院落空间更觉古朴雄静,含古刹钟声之意境。第二进院和第三进院内,以供奉佛像为主,所以周围不堆假山,不种花树。至其后端,山丘上又满植松树,苑景气氛浓郁。其山石的处理方法,以土石相间,上部为土,以便植树,下部为石,以坚基础;大乘阁以北全是土岭,和东西坡山腰相衔接,再在阁后依山就势,叠石造山。山上立峰,峰虽不高,但姿态秀丽。这种真山之上叠假山的做法,对于苑景氛围的塑造实有事半功倍之效。山上苍松叠翠,碧海生涛,犹如天然画屏,烘托出金碧辉煌的大殿,极其壮观。曲折盘旋登上假山,四面眺望,南面武烈河水如银带闪闪发光;东南方磬锤峰矗立于群峰之巅;西南方市区一角,六合塔塔影楚楚动人;俯瞰全寺建筑,亦尽收眼底。小坐松林之中,收视返听,澄怀观化,则一种幽雅、寂静之感又油然而生。

六、晋祠

晋祠位于山西省太原市西南郊的悬瓮山麓,晋水源头,是一所纪念西周初年武王次子晋开国侯姬虞的祠堂。始建于北魏,北齐天保年间(550—559)加以扩建,大兴楼阁,修筑池塘;隋开皇年间(581—600)又在其西南修建舍利生生塔;唐贞观二十年(646)太宗李世民来此游览,撰写《晋祠之铭并序》;宋天圣年间(1023—1031)仁宗追封唐叔虞(即姬虞)为汾东王,并为其母邑姜修建了规模宏大的圣母殿;金大定八年(1168),于飞梁之东增建献殿三楹,为圣母献祭品之用;明清时又增建对越坊、钟鼓楼、会仙桥、水镜台等,自此形成以圣母殿为中心的晋祠建筑群。

晋祠坐落在悬瓮山麓,东西窄,南北宽,依山面水。祠内植有周柏、唐槐,为难得的古树。其他苍松、翠柏、银杏,树龄亦多在几百年以上。由于有这许多古树的掩映点缀,祠内四季常青,生机勃勃。在祠内可仰望悬瓮山,俯观巧妙引入祠内的晋泉水,造园者成功地利用自然野趣,使之成为一座典型的宗教祭祀园林。

进入园门,没有江南园林中习见的"开门见山"屏障,而是豁然开朗,水镜台首先映入眼帘;绕过水镜台是一片开阔地,其间有智伯渠贯穿全祠;过会仙桥,中轴线上先后布置有金人台、对越坊、献殿和鱼沼飞梁,是全祠的最佳景区和重心所倚。鱼沼为一方形水池,是晋水的第二泉源。池中立三十四根小八角形石柱,柱顶架斗拱和梁木承托的十字形桥面,即为飞梁。东西桥面两端分别与献殿和圣母殿相连,南北桥面两端分别下斜与地面平,整个造型犹如展翅欲飞的大鸟,故称飞梁。站在飞梁上,可以纵观全祠之景。过飞梁便是圣母殿,重檐歇山顶,四周围廊,为古建筑中此类形制现存最早的实例。殿内无柱,供奉有圣母邑姜和众侍女塑像,多为宋代作品,是中国雕塑史上的杰作。

北区三组封闭式的院落,分别是关帝庙、叔虞祠和文昌宫。早年在关帝庙和叔虞祠后有景宜园,桃红柳绿相映其间,大园包小园,达到闹中取静、景中有景的境界。

南区建筑有水母楼、难老泉亭、晋溪书院、舍利生生塔等。其中难老泉俗称南海眼,是晋水的主要源头,滚滚急流汇聚成池,前人有诗描绘说:"漈潗作远波,湍激知下就;源源去又来,滚滚夜复昼。"北齐时创建泉亭,并取《诗经》中"永锡难老"诗意,命名为难老泉。

由于晋祠的营建事先没有一个统一的规划,而是因地制宜,经过历朝不断修建而成。因建筑时代不同,建筑风格就有所差异。因有所差异,所以就更显得丰富多样。至于在布局方面,也显得疏密有致,既有约略的轴线,又不严格对称,其中不少建筑物在中国建筑史上具有重要的文物价值。此外如宋塑、唐碑等艺术珍品,周柏、唐槐等古老树木,都是一般的园林中所不可能具备的。因此,在古代作为宗教祭祀园林的晋祠,在今天又成了一座历史文物园林。

七、武侯祠、杜甫草堂和三苏祠

武侯祠在四川省成都市南郊,面积五十六亩,其创建年代已无从查考,早在唐代便已是著名的游览胜地,宋元时屡加修葺,明末毁于战火,清康熙十一年(1672)重建。主要建筑有大门、二门、刘备殿、文臣武将廊、过厅、诸葛亮殿,诸葛亮殿的西侧有刘备墓。这座祭祀建筑群,本名"汉昭烈庙"亦即刘备庙,武侯诸葛亮仅为配祀的对象,但千百年来,人们却一直称之为"武侯祠",所以有人曾作诗予以说明:"门额大书昭烈庙,世人都道武侯祠;由来名位输勋业,丞相功高百代思。"

武侯祠内,古柏苍翠,竹木葱茏,楼台亭榭掩映其间,意境十分清丽幽雅,大诗人杜甫的名句"丞相祠堂何处寻,锦官城外柏森森"所描绘的当时武侯祠的绿化景象,至今仍历历在目,使人于严肃的宗教祭祀氛围之外,能感受到园林环境的清新和俊爽。不过,相对而言,又以诸葛亮殿周围的景物更浓于园林的特色。殿前为过厅,两侧为钟鼓楼,钟楼东边为荷花池,鼓楼西边是桂荷池。沿池有桂荷楼、翠亭、船舫、回廊等建筑,每到夏日,水面清圆,一一风荷举,而太液波翻,翠珮霓裳,月影凄迷,明珰乱坠,历来被称为"赏荷胜地"。

杜甫草堂在成都市青羊区浣花溪畔,现为成都杜甫草堂博物馆,是唐代大诗人杜甫的故居,自唐末起,人们便加以修葺,以示纪念。明弘治年间(1488—1505)和清嘉庆年间(1796—1820)又两次重建,奠定了今天杜甫草堂的规模。

草堂大门外一溪映带,进门跨荷池在林木掩映中建有三重厅堂,前面是大廨,左右月门外各有回廊,与诗史堂相接。诗史堂为梅花所簇拥,系草堂的主厅。厅堂建筑朴实无华而清素有致。西陈列室旁是水槛,绕过小丘即为工部祠,内供奉杜甫牌位。祠前柴门与诗史堂相接,左侧为晨光阁和怡受航轩等馆舍,青松、山茶、腊梅点缀其间;右侧是少陵草堂的碑亭,亭后一荷池,池水来自大廨房,沿池修竹扶疏,池中花红叶碧,真有杜诗"笼竹和烟滴露梢""雨浥红蕖冉冉香"的意境。荷池远处又有楠木林一片,与草堂寺后墙相连;林木西边辟梅园,亭台幽静澹淡,简洁和谐,颇似杜诗渐老渐熟而归于平淡。

三苏祠位于四川省眉山市东坡区,原为宋代文学家苏洵、苏轼、苏辙父子故居,明洪武年间(1368—1398)改建成祠,以资纪念。

初期三苏祠有大殿、启贤堂和木假山堂三部分,明末毁圮,清康熙年间(1662—1722)重建,同治年间(1862—1874)又增建。今主体建筑为瑞莲池水所环绕,沿池修竹点点,盈盈动人,曲径通幽,心逐景清。抱月亭朴素灵巧,点立水中央,表里澄澈,尽得素影分辉、明镜共魄之妙。其北池畔隙地插起云屿楼;另一侧邻近水面为坡风榭,两者在空间和体量方面均能互为对景。跨越瑞莲池的水廊中间建有百坡亭,把平静的水面一分为二;圆形岛屿上的瑞莲亭,又与坡风榭隔水廊隐隐相望,阴绿池幽,枝交径窄,临水追凉,盖罗障暑,自以此亭为最。木假山堂中陈列有各式碑帖,多为三苏手迹,为园林增添了书卷的气息。

八、罗布林卡

罗布林卡位于西藏自治区拉萨市西郊,占地约四百八十亩,始建于 18 世纪中叶。当初这里是一片灌木林,拉萨河故道即经过于此,河道曲回,水流平缓,每到夏天,汀草岸柳倒映河面,风景十分秀丽。七世达赖时常到此处搭帐消夏,疗养身体;及至其参政之后,驻藏大臣奉清廷旨意,为他修建了乌尧颇章(帐篷宫),成为罗布林卡的第一座建筑;至其晚年,又增修了格桑颇章(宫殿),并命名这个地方为罗布林卡(宝贝花园),经清廷批准,即在此处理政务和宗教事宜。嗣后,历代达赖每年的藏历三月十八日都要从布达拉宫移居罗布林卡,至九月十月之交再返回;亲政之前的达赖,则常年在此学经习法。

罗布林卡的营造,从七世达赖开始,到十四世达赖修建达旦米久颇章(新宫)为止,历时二百余年。在此期间,大规模的兴建活动有两次,一次在八世达赖时期,扩建的工程有辩经台、观戏楼、湖心宫、龙王宫、阅经室、威镇三界阁等,使之更浓于园林建筑的特点。第二次在十三世达赖时期,增建了普陀宫、金色颇章、不灭妙施宫、贤杰幸福宫、玻璃亭等。金色颇章落成后,西区改称金色林卡,以区别于东区罗布林卡,两区之间立小石门为界,但总称仍为罗布林卡。

格桑颇章、金色颇章和达旦米久颇章是罗布林卡中主要的宫殿建筑,也是园内举行政务、宗教活动的主要场所。格桑和金色颇章均为典型的藏式建筑,达旦米久颇章则因建于 20 世纪中叶而风格稍异。前者三层,底层为大经堂,楼层部分是达赖卧室和阅经修法的小经堂;后者只有两层,底层仅设一小客厅,大小经堂和卧室均集中于二层。三座宫殿内都均绘有壁画,以达旦米久颇章的藏族史壁画最为精彩。

罗布林卡的园林布局与内地皇家园林颇为相近,尤其是新宫区松竹并茂,点石为景,更直接采用了汉族传统的庭园处理手法。全园结合功能需要划为若干景区,每个景区又根据地形运用山石、水池、树木、建筑等要素组成各种景观,创作出不同性格的以自然山水为主题的意境。大量地、有计划地种植的花木,既有拉萨地区常见的品种,也有来自喜马拉雅山南北麓的奇花异草,还有从内地、外国引进的名贵品种。湖心宫景区的设计有古代园林"一池三岛"的痕迹,加之日月星辰的装饰,又有龙宫的意趣。这里一泓碧水,四方花树,堪称"园中之园"。花开时节,红白交错于蓝天之下,倒映于碧水之中,把坐落在绿波上的湖心宫和龙王宫衬托得更加美轮美奂。

10 第十讲
公共园林

所谓公共游豫园林,也就是风景名胜区的园林,它的特点是范围大,内容多,且无围墙封闭,而呈全面开放式,其中除园林要素外,还有集市、民居等非园林要素掺杂其中。这类园林的景致,比之一般的园林更多天然的成分,但又经过了相当的人工构思。在这里,实际上牵涉到对园林与风景名胜的区分问题。一般地说,在一个风景区里全是或主要是天然的景色,如安徽黄山、山东泰山、广东七星岩等等,则以称为风景名胜为宜;而在一个风景区里,虽然也是真山真水,但经过了历代的人工开发,不断地改变着它的地形、地势、地貌,并点缀建筑,莳花栽木,使得人文景观与自然景观难分轩轾,甚至人文景观更重于自然景观,则尽管这一风景区没有筑垣围墙,亦不妨以公共游豫园林称之,如浙江杭州的西湖、江苏扬州的瘦西湖等等。

　　当然,在开放的公共游豫园林中,往往同时建置有相当数量、不同规模的围墙封闭的私家园林,别有洞天,互为显隐。在公共的大园林的背景下,使私家的小园林更显深幽;在私家小园林的点缀下,使公共的大园林更显丰富。

一、杭州西湖

　　杭州历史悠久,西湖山水明秀,几百年来久已为人们所心驰神往,享誉中外。关于西湖之美,历代诗人多有吟咏,名篇佳作不胜枚举,而以苏轼的《饮湖上初晴后雨》所云"水光潋艳晴方好,山色空蒙雨亦奇;欲把西湖比西子,淡妆浓抹总相宜"最能传其神韵。明正德年间(1506—1521),一位日本使臣来华,慕名游览西湖,亦情不自禁地表示:"昔年曾见此湖图,不信人间有此湖;今日打从湖上过,画工还欠费工夫。"西湖之所以如此之美,除造化的钟灵毓秀外,不能不归功于人工的惨淡经营。早在汉魏之前,这里只是一片天然风景区。隋唐以后,先是白居易任杭州刺史时对西湖作了较大的疏浚,其后五代时的吴越国王钱镠、宋代的苏轼、明代的杨孟暎等,都在这方面投下过相当的精力,极大地开发了西湖的风景资源。此外,在西湖周围兴建的建筑包括园林建筑也日趋繁盛,经过长期的人工积累,花木楼台与湖光山色相掩映,风景点处处皆是,紧相毗连,每一处风景点往往就是一处小园林,这样,西湖便成了一处布满了园林群的大园林了。在这座大园林中,尽管也包含了大量封闭式的公私园林,但大部分地段毕竟还是属于公共游豫性质的。自古以来,到西湖游览的人常年络绎不绝。尤其是每年从农历二月十五日花朝节开始,到五月五日端午节为止的朝山进香活动期间,西湖游客之盛,可谓摩肩接踵。西湖东岸紧邻杭州城区,其余三面为群山环抱,俗称"三面环山一面城"。以湖区为中心,除去城区不论,49 平方千米的范围内都属于西湖大园林风景区,分布有重要风景名胜四十多处。重点文物古迹三十多处,尤以西湖十景最为著名,分别为苏堤春晓、平湖秋月、花港观鱼、柳浪闻莺、双峰插云、三潭印月、雷峰夕照、南屏晚钟、曲院风荷、断桥残雪。此外还有钱塘十景,分别为六桥烟柳、九里云松、灵石樵歌、孤山霁雪、北关夜市、葛岭朝暾、浙江秋涛、冷泉猿啸、双峰白云、西湖夜月,真可以说是无处不成景、无时不成景。

湖区面积为 5.6 平方千米,周长 15 千米,苏白两堤,将湖面分成外湖、里湖、岳湖、西里湖、小南湖五个部分;湖中有孤山、小瀛洲、湖心亭、阮公墩四岛。西湖十景在湖区占去八景,多于旷中取奥,内外相得。如花港观鱼在苏堤映波、锁澜两桥之间的绿洲上,凿池养鱼,颇有濠上之乐;曲院风荷在跨虹桥西北,小院一角,绿盖红妆,白云酿雨,香风拂水;三潭印月在小瀛洲我心相印亭前,塔高两米,塔身中空,月光映潭,透过五个小圆洞分塔为三,倍觉静谧幽美;柳浪闻莺在湖东南岸,南宋时为御花园,沿湖柳阴夹道,黄莺鸣啭其间,小坐亭廊间,不觉暖风熏人;断桥残雪在白堤的起始点,每至冬末春初,积雪未消,春水方生,拱桥倒影,混朗生姿。也有景界较大的,如苏堤春晓,堤上有六桥,广植桃柳,风和桃花香,烟锁柳丝长,春晓雾霭朦胧中,六桥烟柳与湖光山色相融如画;平湖秋月在白堤中段西端,前临外湖,水面空阔,每当皓月当空的秋夜,湖平如镜,清辉如泻,万顷无涯。

西湖之美,虽四季咸宜,又以春景为最胜。春风吹碧,春云映绿,春芜湿雨,鹅黄天红,尽入满湖烟水,真是画图难描。所以,历来都以西湖作为春游的最佳去处。

小孤山也是湖区的风景胜地,因孤峙于西湖的里湖与外湖之间而得名。山高 38 米,山上遍布花木,峰、岩、洞、壑之间,穿插着泉、池、溪、涧,青黛碧绿丛中,点缀着亭台楼阁,而最有名的景物,则与"梅妻鹤子"的宋处士林和靖有关。迄今,山上梅花依旧,所以又名梅屿,而人与黄鹤皆一去不复返了,石刻大字"孤山一片云",不由使人顿生"白云千载空悠悠"之慨。除梅花的清韵标格之外,孤山的重要文物遗迹还有西泠印社、文澜阁、楼外楼、西湖天下景、三老石室、竹阁、苏公祠、六一泉、俞楼、秋瑾墓、苏小小墓、苏曼殊墓等,虽出处各异,无不浓于园林的清淡幽雅氛围,在远近湖光山色的映照下,山石嶙峋,洞穴奥如,林木掩映,花竹扶疏,不雨山常润,无云水自阴。

自小孤山隔西泠小湖北望,即为北山风景区,向西南绵延甚远。山下有古昭庆寺遗址,过寺为宝石山,山上有保俶塔。所谓"雷峰如老衲,保俶如美人",今老衲已矣,唯此美人亭亭独立,风姿绰约,用作西湖的借景,最为得体。宝石山东有弥勒、石佛、智果、玛瑙诸寺院,寺侧有乐园及林庄;

西为葛岭,有葛仙庵,炼丹台,流丹阁,喜雨、顽石、览灿、九转、宝云诸亭;葛岭下有凤林寺、君子泉、招贤寺及春润庐;西为栖霞岭,有岳王庙、岳坟、西湖书院、湖山春社、桃溪、紫云洞、妙香寺、双桐洞、栖霞洞、黄龙洞、天龙洞等景点。青芝坞口有清涟寺,寺内有玉泉、细雨泉,寺后有珍珠泉,玉泉观鱼即在此处。再西为灵峰,山上有苏轼题壁诗及灵峰寺,寺内有眠云室、容碧轩,环境至为清幽;山下有九里松涛、石莲亭及集庆寺遗址。再西为灵隐山,灵隐寺坐落于山麓,已有一千六百多年历史了,寺内殿阁森严,古木参天,紫竹林、方竹林诸胜尤富于园林情趣;寺前飞来峰"峰峰形势极玲珑,灵根秀削摩苍穹;一峰已尽一峰起,奇峰面面无雷同";峰下有龙泓,玉乳等天然岩洞,回旋幽深;灵隐洞水流过山脚,清澈可爱;此外还有春淙、冷泉、壑雷等亭;而最为有名的,当推五代宋元时期的佛教摩崖造像,遍布山峰的上下和洞穴的内外,是中国雕塑史上唯一一处具有园林风格的大规模摩崖造像群。

灵隐寺西北为北高峰,韬光庵在山腰,庵的上部有石楼,登楼可观沧海日,可听浙江潮;寺南为天竺山,有上、中、下三天竺寺,山石秀拔,洞壑剔透。下天竺寺后有金佛洞、三生石、莲花、璎珞二泉;寺前有月桂峰为对景,峰后有香林洞;洞左右有莲花峰及日月岩,岩上有台,可登临观眺湖光山色。中天竺又称法净寺,东西有枫木坞及中印峰;上天竺又称法喜寺,南北有乳窦、白云、双桧、幽淙峰及云隐坞、扪壁岭、天门山,以天然景观取胜。

围绕西湖南部的山区,东西为深入城市的吴山、松岭、凤凰诸山。吴山与松岭相连,有承天灵应观、城隍庙、仓颉祠、惠应观、巫山十二峰、四宜亭、宝月山、螺子峰、七宝山、坎卦坛等名胜;凤凰山有梵天寺、通明洞、中峰、月岩、双髻峰、金星洞、报国寺、风门泉、慈云洞、慈云亭、百花点将台等景点。西南远及龙井、狮峰、九溪、五云诸山,龙井在风篁岭下,以过溪亭、涤心沼、一片云、风篁岭、方圆庵、龙泓洞、神运石、翠峰阁合称八景。龙泓泉自龙井寺旁延层崖倾泻飞瀑,对涧八方亭可以观瀑听泉品茗,尤以狮峰所产之茶叶最为名贵;九溪与十八涧并称,起源于烟霞洞南之杨梅坞,经满觉垅、理安山、法雨寺而达山外山茶肆;十八涧起源于龙井村,经龙泓亭亦到达山外山茶肆;二路殊途同归,而无论哪一条路,缓步循溪而行,在四山环抱,苍翠万状之中,愈转愈深,愈深愈秀,均可领略到鸟鸣山更幽、空翠湿人衣的山野之趣,清新朴素,俗嚣涤尽,诚如俞樾所说:"重重叠叠山,曲曲环环路;丁丁东东泉,高高下下树。"另一路可于六和塔小驻,西南行入九溪之山口,再逆行亦可至山外山。九溪之西南有五云山,巨竹密林幽径之中,布置有真际院、云栖寺、白沙坞、云栖坞等名胜。滨湖一带,南屏山麓,计有澄庐别墅、南屏晚钟、小有天国、雷峰遗址、漪园、张苍水祠、花港观鱼、小万柳堂,多为园中之园,亦即开放性大园中的封闭性小园;南屏山之南有方家峪、华津洞、梯云岭、惠因涧等,西有法云讲寺、肖箕泉、玉岑山、石屋岭、大仁寺、烟霞岭等;烟霞岭上的烟霞洞为西湖诸洞之冠,洞口有烟霞寺,岭下有水乐洞、水乐寺、净梵院等;其北为南高峰,与北高峰遥相对峙,常隐现于薄雾轻岚之中,并称"双峰插云",是西湖的重要借景,峰上有洞居、泉亭、寺庵不少;峰之东北为五老峰、三台山,也筑有不少寺庵祠庙;南高峰与南屏山之间有大慈山,山上有甘露寺、屏风山、白鹤峰及大慈定慧禅寺,俗称虎跑寺,以虎跑泉而得名,与龙井茶叶并为茶道家所称道;南高峰有一支山脉,名丁家山,伸向湖滨,临湖有水竹居,为晚清刘学询别业,所以俗称刘庄,内有花竹安乐、湖山春晓等景观,被誉为西湖第一名园;丁家山上另有八角亭、蕉石山房、乐天园等,林壑幽深,气韵清隽,鸟声长年不断,泉流四时不绝。

　　另有一庄位于杭州西湖西山路卧龙桥北塊,为杭州绸商宋瑞甫于光绪三十三年(1907)所建,俗称宋庄。民国期间,宋家败落,卖给汾阳郭氏,改称"汾阳别墅",俗称郭庄。与浙江杭州十景之一的"曲院风荷"公园相邻,原名"端友别墅"。全庄占地近万平方米,南北分静必居和一镜天两个景区。庄园借西湖之景,与西湖山水融为一体,被誉为"西湖古典园林之冠"园内临流建阁,有船坞、假山。《江南园林志》一书称:"雅洁有致似吴门之网师,为武林池馆中最富古趣者。"著名古建筑园林专家、同济大学教授陈从周先生说,此园不仅汲取了苏州园林的建园手法,而且有许多景致有绍兴特色。"风姿再现,如古画之重裱。"(陈从周)

综观西湖湖山之美,园林之胜,文物之富,人巧与天工并臻绝诣,宜乎前人有"不信人间有此湖""画工还欠费工夫"之慨。

另外值得一提的是:莫氏庄园位于现在的浙江省平湖市,于1899年竣工,系大型封闭式古民居建筑群,莫放梅祖孙三代相继在此居住了半个多世纪。整座庄园占地七亩,建筑面积2 600平方米。建筑结构和装饰具有典型的江南民居特色,而其家具陈设更是集江南文化之精华,堪称独步江南。莫氏庄园与网师园、退思园、采衣堂、卢氏、春在楼并称江南六大厅堂,是全国重点文物保护单位、国家五级旅游资源地、嘉兴市文明旅游景色。

二、扬州瘦西湖

扬州是一座具有两千多年历史的文化古城,早从吴王夫差筑城以后便日趋繁华,六朝时人称"腰缠十万贯,骑鹤下扬州";至隋炀帝为观赏琼花而开凿运河,大兴土木,在此建有十宫、迷楼、上林苑、长埠苑等,并广植垂柳,赐名杨姓,从此"绿杨城郭是扬州"便更加名声大噪了。唐代时,李白诗称"烟花三月下扬州",李绅诗称"夜桥灯火连星汉,水郭帆樯近牛斗",徐凝诗称"天下三分明月夜,二分无赖是扬州",王建诗称"夜市千灯照碧云",陆羽诗称"月中歌吹满扬州",杜牧诗称"二十四桥明月夜,玉人何处教吹箫",更使扬州增加了浓郁的文化色彩。至于园林的营造,从南北朝起亦历代不衰,至清代乾隆年间(1736—1795)而达于极盛。据《水窗春呓》卷下"维扬胜地条":"扬州园林之胜,甲于天下。由于乾隆六次南巡，各盐商穷极物力以供宸赏，计自北门抵平山，两岸数十里楼台相接，无一处重复，其尤妙者在虹桥迤西一转，小金山矗其南，五亭桥锁其中，而白塔一区雄伟古朴，往往夕阳返照，箫鼓灯船，如入汉宫图画，盖皆以重资广延名士为之创稿，一一布置使然也。城内之园数十，最旷逸者断推康山草堂。而尉氏之园，湖石亦最胜，闻移植时费二十余万金。其华丽缜密者，为张氏观察所居，俗称谓张大麻子是也……园广数十亩，中有三层楼可瞰大江，凡赏梅、赏荷、赏桂、赏菊，皆各有专地。演剧宴客，上下数级如大内式，另有套房三十余间，回环曲折不知所向，金玉锦绣四壁皆满，禽鱼尤多。”正如《扬州画舫录》谢溶生序所说：“增假山而作陇，家家住青翠城堙；开止水以为渠，处处是烟波楼阁。”流风所及，除官僚、文人、富商的私园及用于接驾的行宫御花园外，其他如寺庙、祠堂、书院、会馆，下至餐馆、妓院、浴室、茶肆、酒楼，也都纷纷叠石引水，莳花种竹；而园林景点最为集中的，则在瘦西湖平山堂一带，统称为瘦西湖园林风景区。湖两岸连绵十里，所筑园林达一百余处，当时有二十四景之称，所谓“两堤花柳全依水，一路楼台直到山”。嘉、道以后，因战乱的破坏和经济中心的转移，扬州园林日渐凋零，已无复旧观。但大体风格，依稀犹存，尤其是作为公共游豫园林的瘦西湖，景点保存比较完整。

瘦西湖在扬州市西郊，原名炮山河、保障河，乾隆时因其绕长春岭以北，又称长春湖。其结构，系由几条河流组织而成的一个狭长水面，与杭州西湖相比，显得清瘦秀丽。钱塘汪沆有诗云：“垂杨不断接残芜，雁齿虹桥俨画图；也是销金一锅子，故应唤作瘦西湖。”瘦西湖之名遂著，原名反而不显了。瘦西湖园林风景区的范围，从南门古渡桥起，绕小金山至平山堂蜀岗下为止，其主景为突出水面的五亭桥和白塔，如北海的琼华岛及西湖的保俶塔一样，成了瘦西湖的标志。白塔的形制与北海相仿佛，但尺度更加匀秀，晴云临水，袅袅婷婷，如豆蔻年华，有别于北海白塔的厚重工稳、成熟老健。五亭桥又名莲花桥，平面成“卄”字形，中心一亭，四翼四亭,亭与亭之间用廊连接。中亭重檐四角攒尖,翼亭单檐,檐角皆上翘,势欲晕飞。桥身为拱券形,由三种不同的券洞联合,共十五孔。桥基由十二块大青石砌成桥缴,总体造型纤巧,比例适当。桥下洞孔彼此相通,从里向外看,每个洞孔范围内都可看到一幅不同的风景,堪称匠心独运。尤其是每当晴夜月满,各洞各衔一月,溷金沉璧,更具诗情画意。湖中最大的一座岛屿名小金山,系仿镇江金山而堆,却冠以一"小"字,亦如于西湖前冠一"瘦"字,都是以婉约的字眼点出眼前的景物,能极传神之妙。小金山四面环水,园林建筑群依山临水,山顶筑风亭,山上植松柏,山东麓花墙内有花厅两所,厅内有郑板桥书写的楹联:"月来满地水,云起一天山。"南麓有琴室,有红桥与对岸徐园相连。西筑钓鱼台,台前湖面空阔,与白塔、五亭桥恰成鼎足。从钓鱼台的两圆拱门远眺,一门衔塔,一门衔桥,各成一幅优美动人的图画,实有只可意会不可言传之妙。台的南面有徐园,西面是凫庄,西北有方厅和大桂花厅,均自成景观,又能互为借景。

瘦西湖的另一主要景观是大虹桥。东起后冶春园、问月山房、百鸟圉一带,经歌吹亭、水绘阁、香影廊、餐英别墅、冶春花社及小苧萝村、卷石洞天、夕阳红半楼等故址,再由西园曲水至不系舟,"彩虹卧波,丹蛟截水"的大虹桥便赫然在目,横跨瘦西湖上。此桥初建于明末,原是木桥,因桥上栏杆漆红色而称红桥,王渔洋曾有诗吟咏当时的情景:"红桥飞跨水当中,一字栏杆九曲红;日午画船桥下过,衣香人影太匆匆。"至乾隆年间改为石拱桥,似一道彩虹从湖的东岸飞跨西岸,遂称大虹桥。当时在此雅集,作诗作赋者多达七千余人,编成三百卷,并绘有《虹桥览胜图》。过桥北行西侧,为长堤春柳,堤之对面东岸为净香园旧址。

平山堂是瘦西湖一带的制高点,为北宋庆历八年(1048)欧阳修任扬州太守时营建,现存堂屋系清同治年间(1862—1874)重建。坐此堂中远眺,视线正与隔江山平,故名平山堂。当时有人撰联:"晓起凭阑,六代青山都到眼;晚来把酒,二分明月正当头。"道尽此处的景点风物。而青山隐隐水迢迢之间,另有大明寺遗址、西园、天下第五泉、谷林堂、欧阳修祠等,统称平山堂,亦称平山堂公园,各具清幽的园林景致。

瘦西湖四周无高山,仅其西北有平山堂和观音山,亦非高峻崇伟,只是略具山势而已。由此之故,十分宜于沿湖筑园,楼台亭榭,洞房曲户,一花一石,无不柔和纤丽各出新意,并独具水面尺度上的温馨感。诸园互相呼应,互相因借,以水相连,以水相通,建筑物类皆一二层,与低平的水面对比恰当。花木的栽植,除杨柳之外,如牡丹、芍药等名花,以及修竹、玉兰、芭蕉、天竹、腊梅、海棠、桃杏等,遍植于空旷的平畴、幽奥的庭院,在色泽的构图上,配合了时令的变化而各抒所长,在文采上包与瘦西湖的命名相吻合。

三、绍兴东湖

绍兴东湖原是一座青石山,秦汉之际采石于此,取用甚广,日久凿成湖泊。其形势峭壁奇岩,突兀而峥嵘,逶迤数百米,合抱一泓碧水,如蓝如染,澄澈清明,柔情无限。湖面上,石桥九座,疏密错落地横卧其间,将湖面分成三片,使平面构图更加有致。山水相融,洞窍盘错,虽凿自人工,而经千百年的造化转移,已经天然成趣。有陶公、仙桃两洞,皆与湖相通,可以行舟寻幽。湖畔另有香积亭、饮渌亭、听湫亭等建筑点缀,掩映于花木扶疏之中,倍觉传神醒目。

四、济南大明湖

济南大明湖由珍珠泉、芙蓉泉、王府池等多处泉水汇成。一湖烟水,绿树蔽空,碧波荡漾间菡萏映日,景色甚为佳商。清刘凤浩有诗赞誉:"四面荷花三面楼,一城山色半城湖。"大明湖自北魏起便有经营,嗣后经宋、金至于清,已成为北方典型的公共游豫园林,且于大园林中包含精致的小园林不少。迄今所存,沿湖亭台楼阁,水榭长廊,参差有致。湖南为退园,建于清宣统元年(1909),玉带河萦绕园中,回廊沿河周折,其间叠石筑山,花木溢翠,浩然亭高踞其上。湖北高台,有北极阁可供登临,尽览湖光山色。湖东有南丰祠,为纪念齐州知州曾巩之所。湖西北岸即著名的小沧浪亭园,建于清乾隆五十七年(1792),面山傍水,绕以长廊,湖水穿渠引入庭中,小沧浪亭踞园中临湖处,三面荷池,清气袭人,登亭四望,三十六陂风光历历在目,晴明之日,并可见十里外的千佛山倒影,仿佛宋人的青绿山水。园内亭台隽巧,荟萃当时文人墨客的诗文墨迹不少,为园林增添了书卷的气息。湖心小岛上有历下亭,肇建于唐代之前。此后历宋、元、明屡圮屡建,今天所见者建于清代。八角重檐,回廊临水,岸有临湖阁,大门楹联为何绍基书杜甫诗句:"海右此亭古,济南名士多。"亭后即建名士轩,厅内嵌杜甫、李邕等石刻画像。亭周垂柳拂水,游人至此多系舟小憩,帘影飞絮,轻阴庭院,几番莺外斜阳,吟香醉玉,细听歌珠一串,则身心俱与化入风景之中了。

五、成都望江楼

成都望江楼位于锦江南岸,薛涛井故处,又名崇丽楼,得名于左思《蜀都赋》中"既丽且崇,实号成都"的名句,而成为成都城市的标志性建筑。楼建于清光绪年间(1875—1908),上下四层,高30余米,上两层为八方,下两层为四方,其结构绚丽而又奇巧。登楼窥锦江,春水初涨,柔波十里,绿蔓船尾,云散霞绮。楼下翠竹浓荫,风篁啸晚,旁有吟诗楼、濯锦楼、浣笺亭、五云香馆、流杯池、泉香榭等建筑参差错落。吟诗楼体都一正两副,四面敞轩,精巧玲珑,有江南园林建筑的韵味。濯锦楼两层三楹,典雅朴素,不以华美取胜。昔人概括望江楼的景致为一联,有云:"古井冷斜阳,问几树枇杷,何处是校书门巷?大江横曲槛,占一楼烟月,要平分工部草堂。"作为一处公共游豫园林,其魅力可以想见。

六、昆明大观楼

昆明大观楼位于滇池北岸,始建于康熙二十九年(1690),其他亭榭池桥,历代多有增修。咸丰七年(1858)毁于兵火,现存楼阁为同治五年(1866)重建。楼址为一卵形小岛,岛外筑长堤,堤内形成环洲池沼。岛北端有"近华浦"楼亭用于迎客,岛南尽端即建大观楼,可外收湖山之胜,内揽园林之幽。楼对面有揽胜阁,楼阁之间有观稼堂、涌月亭,点缀假山曲径,竹树花草,石笋埋云,翠微洗尘,成为园林的中心。自主楼而西,有长廊连接牧萝亭、催耕馆,直达临水茶榭。节律多有变化起伏,共同衬托了正方形三层亭阁式的主楼。攒尖黄琉璃瓦屋顶,雕饰装点适宜,造型爽洁轻举,与周围的波光、山色、树影、园景十分和谐。登楼放目,但见西山云蒸霞蔚,翠黛迷蒙,展现在五百里滇池的波光云影之间,令人油然而生江山多娇、英雄谁在的思古幽情,回头再细细品味底层所悬挂的孙髯翁长联,也就别有一番滋味在心头了。